Peter W. Baumann

Die Alpen-Gämse

EIN LEBEN AUF GRATWANDERUNG

Ott Verlag Thun

Dank

Der Autor dankt herzlich allen aufgeführten Personen und Organisationen, deren Mithilfe zu wesentlichen Verbesserungen führte oder die Publikation erst ermöglichte:

Dr. Jan Ryser (Langnau i.E.), Elisabeth Aebischer-Bhend (Zweisimmen), Martin Baumann (Bern, WildARK), Vreni Glaus (Thun), Jon Gross (Wildhüter, Tschierv), Maria und Ernst Kohler (Moosseedorf), Hans Mani (Zweisimmen), Ruedi Kunz (Wildhüter, Wimmis), Walter Kunz (Wildhüter, St. Stephan) (auch Kruckenausleihe), Gerhard Pfander (Zweisimmen), Dr. Peter Zingg (Unterseen), Rolf Zumbrunnen (Wildhüter, Gstaad) (auch Kruckenausleihe).
Parc Naziunal Svizzer: Hans Lozza/Dr. Flurin Filli/PD Dr. Heinrich Haller/ Fadri Bott/Alfons und Hanna à Porta/Reto Strimer
Pro Natura Schweiz (Dr. Urs Tester)
Prof. Dr. Paul Ingold (Uni Bern)
Tierpark Dählhölzli Bern (Dr. Marc Rosset/Bernhard Rufener)
Jagdinspektorat Kanton Bern (M. Zuber)
Amt für Jagd und Fischerei Graubünden (Dr. Georg Brosi)
Schweizerische Dokumentationsstelle für Wildforschung (Dr. Christa Mosler)
Forschungsanstalt für Milchwirtschaft Liebefeld (J. Maurer)
Amt für Wald, Natur und Landschaft, Vaduz
Natur- und Tierpark Goldau (Dr. Martin Wehrle)
Den Mitarbeiterinnen und Mitarbeitern der Ott Verlag + Druck AG

Lotteriefonds des Kantons Bern
Migros-Kulturprozent
BUWAL, Bereich Wildtiere
G. und A. Claraz-Schenkung
Raiffeisenbanken Obersimmental

Gesamtherstellung: Ott Verlag + Druck AG Thun
Gestaltung: Christof Carisch und Uschi Kühnis

ISBN 3-7225-6779-3

Vorwort

Das Leben für Gämsen im Alpenraum ist eine ständige Gratwanderung. Wie bei einem Puzzlespiel legt uns der Berner Oberländer Biologe Peter W. Baumann die Ausschnitte der Lebensweise und des Verhaltens der Alpengämse offen. Seine Aussagen unterstreicht Baumann mit eindrücklichen Erlebnissen und einmaligen Bildern, zum Beispiel den kämpfenden Gämsböcken auf Seite 90. Das Tier, das uns hier geschildert wird, ist uns zwar vertraut und gleichzeitig doch fremd. Noch am ehesten kennen wir die Gämse auf der Flucht, wenn wir auf einer Wanderung ein Rudel überrascht haben. Aber wer hatte je die Gelegenheit, ein frisch geborenes Kitz zu sehen oder den erfolglosen Angriff eines Luchses auf eine Gämse zu erleben? In hunderten von Stunden wurden diese Beobachtungen zusammengetragen. Dazu pflegt Baumann eine Kunst, die nur noch wenige Biologen beherrschen: Das Verhalten der Tiere aufmerksam beobachten und präzise beschreiben, ohne zu sehr über Begründungen zu fantasieren. So manches angelesene Wissen gerät dabei ins Wanken und weckt die Neugier für eigene Beobachtungen. Wie lange dauert nun die Tragzeit? Wann kommen die Gämskitze zur Welt? Dient der Gämspfiff wirklich zur Warnung? Gibt es eine feste Rangordnung? Und das alles in einer Sprache, die auf Fachchinesisch oder Jägerlatein verzichtet. Das fertige Puzzle zeigt uns eine Tierart auf einer Gratwanderung durchs Leben. Ein Absturz ist leicht möglich – und häufig ist es der Mensch, der mit seinem Handeln entscheidet, ob es dazu kommt oder nicht. Vor hundert Jahren war die vorsichtige Natur der Gämse ein Vorteil. Sie hat deshalb eine Zeit , in welcher der grösste Teil der einheimischen Wildtiere verfolgt und zusammengeschossen wurde, besser überlebt als Steinbock oder Hirsch. Das gleiche Verhalten kann aber zum Nachteil werden, wenn die Gämse ihren Lebensraum mit immer mehr Freizeitsportlern teilen muss. Ich wünsche mir deshalb, dass das Buch über die Alpen-Gämse dazu beiträgt, dass wir zu den Alpen als Lebensraum für Menschen, Tiere und Pflanzen Sorge tragen.

Dr. Urs Tester
Pro Natura – Schweizerischer Bund für Naturschutz

Inhalt

Die Gämse im Überblick

Es gibt sie nicht mehr « die Gemse». Die Rechtschreibung verordnet uns heute Gämsen, und die Biologie die Unterscheidung zwischen Alpen-Gämse (lateinisch: Rupicapra rupicapra) und Pyrenäen-Gämse (Rupicapra pyrenaica) (vgl. Nascetti 1985).
Einzelne Autoren sprechen von Nördlicher und Südlicher Gämse.

Der erste lateinische Name der Alpen-Gämse, Rupicapra rupicapra, bezeichnet die Gattung, der zweite die Art. Wer es ganz genau nimmt, fügt einen dritten Namen für die Unterarten an. Neben der Alpen-Gämsen-Unterart Rupicapra rupicapra rupicapra (Linné 1758), die in unserem Buch besprochen wird, unterscheidet man aktuell sechs weitere Unterarten von Alpen-Gämsen sowie drei Unterarten von Pyrenäen-Gämsen. Es steht allerdings nicht mit Sicherheit fest, ob die Alpen-Gämse überhaupt in Unterarten aufzuteilen ist!
Im Gebiet der Alpen leben heute schätzungsweise 430 000 Alpen-Gämsen (Rupicapra rupicapra rupicapra): 180 000 in Österreich, 100 000 in der Schweiz und Liechtenstein, 80 000 in Frankreich, 50 000 in Italien, 10 000 in Slowenien und nochmals 10 000 in Süddeutschland. In Neuseeland zählt man im Moment 12 000 Nachfahren von Tieren der gleichen Unterart, welche 1907 und 1914 ausgesetzt wurden. Hinzu kommen die rund 45 000 Alpen-Gämsen der anderen Unterarten. Pyrenäen-Gämsen gibt es etwa 40 000.
Übersetzt bedeutet der lateinische Name Rupicapra «Felsenziege». Bisher ordnete man Gämsen, Schneeziege, Gorale und Seraue den Gämsenartigen (Tribus Rupicaprini) zu. Allen diesen Arten gemeinsam sind die beiden Duftdrüsen hinter den Hörnern, die Hinterhorndrüsen. Die Schneeziege in Nordamerika wurde als die nächste Verwandte der beiden Gämsenarten angesehen. Dank moderner Genetik wissen wir es heute besser. Die Familie der Hornträger (Familie Bovidae) muss in den nächsten Jahren verwandtschaftlich neu gruppiert werden: Zu den Gämsenartigen gehören nur noch die Gämsen. Die nächsten Verwandten der Gämsen sind jetzt die Schafe, die in

Oben: **Gämsmännchen (oben rechts) sind mit 25–50 kg etwas schwerer als Weibchen (oben links), welche 20–40 kg wiegen. Dementsprechend wirken ältere Männchen (Böcke) tendenziell etwas massiger und «rundlicher». Maximalwerte finden sich bei den Böcken mit 7–11 Jahren im Oktober, bei den Weibchen (Geissen) mit 4–16 Jahren. Geissen haben eine Schulterhöhe ab etwa 70 cm, Böcke manchmal eine solche bis 85 cm. Die Körperlänge beträgt gemessen vom Maul über Kopf, Hals und Rücken bis zur Schwanzspitze 120 bis 140 cm. Geissen erreichen in freier Wildbahn selten 17 Jahre und überschreiten 20 Jahre kaum (Rekord 24 Jahre). Böcke kommen selten auf 10 Jahre und übersteigen 15 Jahre fast nie (Rekord 20 Jahre). Nicht mit diesen Altersangaben zu verwechseln ist das Durchschnittsalter, das bedeutend tiefer liegt.**

Rechte Seite oben: **Im Herbst haben Kitze (Jungtiere) ein Gewicht von 12 bis 17 kg, eine Schulterhöhe von etwa 55 cm und eine Körperlänge von rund 110 cm. Im Mittel überleben weniger als die Hälfte der Kitze den ersten Winter. Ein Bockkitz besitzt deshalb nur eine Lebenserwartung von gut 3 Jahren. Geisskitze können mit etwa 4 Jahren rechnen. Übersteht ein Kitz das schwierige erste Lebensjahr, erhöht sich die Lebenserwartung von Böcken auf etwas über 5 Jahre und bei Geissen auf knapp 7 Jahre (vgl. Schröder).**

Karte unten **in Anlehnung an Shackleton (ohne Neuseeland)**

Die Verbreitung der Alpen-Gämsen Unterarten (Rupicapra rupicapra):

Alpen-Gämse (Rupicapra rupicapra rupicapra)	**ca. 430 000**
Balkan-Gämse (Rupicapra rupicapra balcanica)	**ca. 19 000**
Karpaten-Gämse (Rupicapra rupicapra carpatica)	**ca. 9 000**
Kaukasus-Gämse (Rupicapra rupicapra caucasica)	**ca. 8 000**
Kleinasien-Gämse (Rupicapra rupicapra asiatica)	**ca. 4 000**
Chartreuse-Gämse (Rupicapra rupicapra cartusiana)	**ca. 1 500**
Tatra-Gämse (Rupicapra rupicapra tatrica)	**ca. 1 000**

Die Verbreitung der Pyrenäen-Gämsen Unterarten (Rupicapra pyrenaica):

Pyrenäen-Gämse (Rupicapra pyrenaica pyrenaica)	**ca. 27 000**
Kantabrien-Gämse (Rupicapra pyrenaica parva)	**ca. 13 000**
Abruzzen-Gämse (Rupicapra pyrenaica ornata)	**ca. 700**

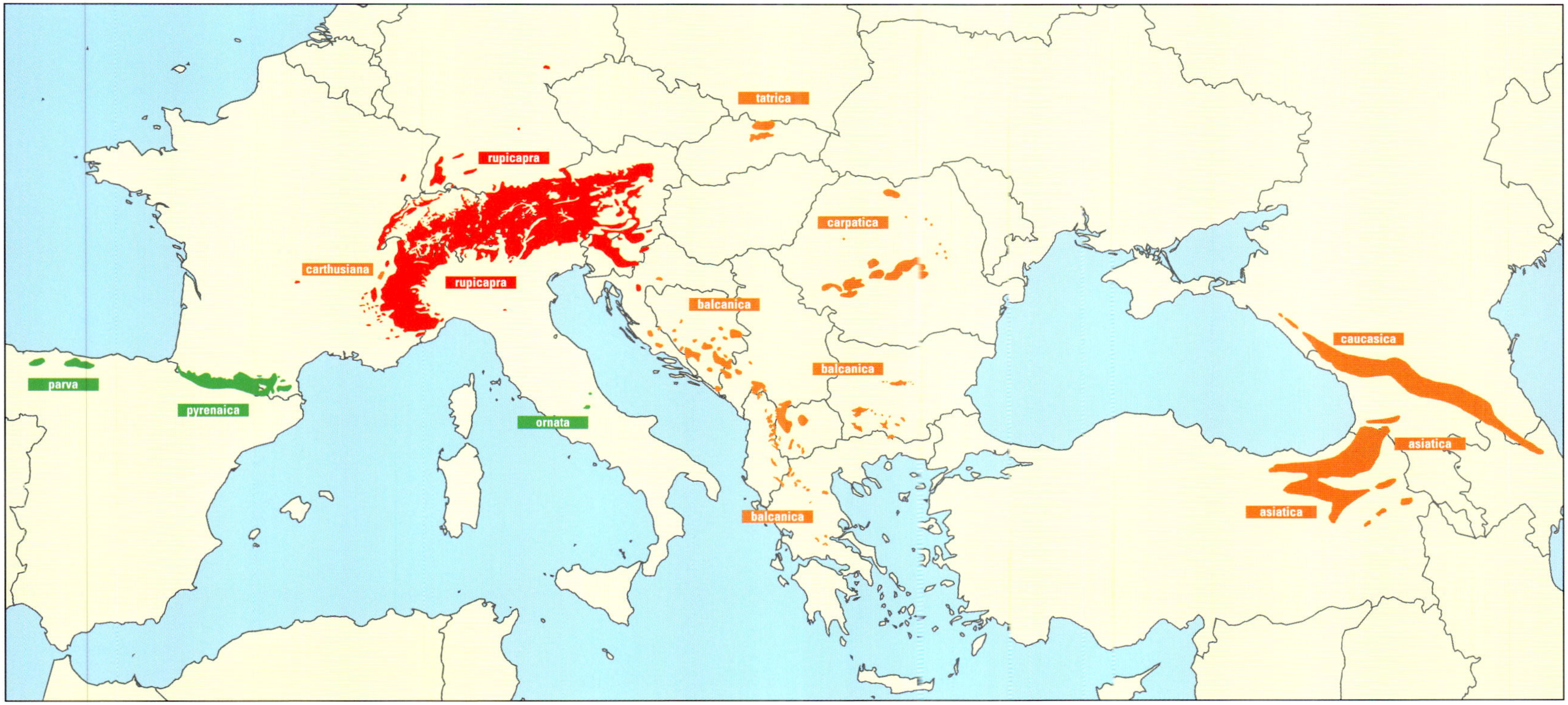

Europa mit dem Mufflon und den Hausschafen vertreten sind. Danach folgen der Takin, der z.B. in China und Indien verbreitet ist, und die Ziegen, von denen bei uns der Alpen-Steinbock und die Hausziegen leben. Jetzt erst kommen die Schneeziege und mit etwas Abstand die Gorale, die Seraue, aber auch der Moschusochse (Mucci 1998). Entgegen der bisherigen Annahme sind fast alle der genannten Arten früher entstanden als die Gämsenartigen.
Gämsen und alle erwähnten Verwandten sind Wiederkäuer (Unterordnung Ruminantia), die ihrerseits zu den Paarhufern (Ordnung Artiodactila) und schlussendlich zu den Säugetieren (Klasse Mammalia) gehören. Das Erbgut der Gämse ist auf 58 Chromosomen in jeder Körperzelle gespeichert (2n=58). Bei uns Menschen sind es nur 46.
Das beste Unterscheidungsmerkmal von Gämsen zu Steingeissen (weiblichen Steinböcken) ist für den Anfänger die kontrastreiche hell/dunkle Gesichtszeichnung. Nur einige Ziegenrassen und Gazellenarten besitzen Kopfmuster, die schlimmstenfalls mit demjenigen der Gämse verwechselt werden können. Abgesehen von zwei Arten sowie Schaf- und Ziegenzüchtungen haben jeweils beide Geschlechter der Hornträger Hörner. Diese sehen bei Weibchen und Männchen meist etwas anders aus. Im Falle der Alpen-Gämse jedoch lassen sich die Geschlechter auf Distanz fast nicht unterscheiden. Im Winter wird das Hornwachstum stark reduziert und führt zur Bildung von Jahrfurchen (Jahrringen), welche die Altersbestimmung ermöglichen. Der Jahreszuwachs besteht aus einer Hornhülle und porösem Horn im Innern (Blaupot ten Cate 1970 und 1972). Die dominierende Vorstellung eines jährlichen Zuwachses in Tütenform trägt dem leider zu wenig Rechnung. Der winterliche Wachstumsunterbruch des Horns ist nicht durch den Nahrungsengpass bedingt, sondern hormonell. Auch Geschlechtshormone hemmen das Hornwachstum. Den ersten Jahrring sieht man selten. Die jugendliche Hornsubstanz splittert stark ab. Gleichzeitig deutet vieles darauf hin, dass die Wachstumseinstellung bei Kitzen (Jungtieren im ersten Lebensjahr) weniger markant ausfällt als bei erwachsenen Gämsen. Den Kitzen fehlen die Geschlechtshormone.
Kitze sind im ersten November im Berglebensraum noch nicht geschlechtsreif. Die Geschlechtsreife wird je nach Gebiet in sehr unterschiedlichem Alter erreicht: von Männchen (Böcken) mit 1,5 bis 2,5 Jahren, von Weibchen (Geissen) mit 0,5–3,5 Jahren. Eine späte Reife kennzeichnet dicht mit Gämsen besiedelte oder wenig bejagte Gebiete. Theoretisch ist an solchen Orten auch die Fruchtbarkeit der Geissen kleiner (wenigstens die der älteren). Wie stark und wie gebietsabhängig die Fruchtbarkeit bei Geissen ab etwa 13 Jahren tatsächlich zurückgeht, lässt sich heute noch nicht beurteilen. Die Fortpflanzung der Gämse entspricht einer Gratwanderung: Geissen und Böcke investieren in schwieriger Umgebung oft zu viel Körperreserven in die späteren Generationen und gefährden damit ihr eigenes Überleben. Alljährlich ein Junges entspricht fast der Regel.

Am Schädel der Gämskitze bilden sich nach der Geburt zwei kleine, nach einigen Wochen von aussen ertastbare Knochen-Höcker und auf der Haut darüber zwei bewegliche Hornkegelchen. Mit etwa sieben Monaten besitzen Bock- und Geisskitze kleine, krumme, mit dem Knochen fest verwachsene Hornspiesschen.

Die Hornspitzen der Böcke sind gegen unten zurückgebogen; meistens in einer halbkreisförmigen, weiten Krümmung (Hakelung). Auch weisen die Hörner (oder Krucken) fast ausnahmslos eine grössere Dicke auf als bei den Geissen (80–95 mm Umfang). Der Hals von Böcken wirkt kürzer. Böcke ab 5 Jahren haben besonders im Winterfell am Bauch oft ein Büschel «Pinselhaare» und ihre Rückenhaare sind dann dichter und länger im Wuchs als bei Geissen. Bei sorgfältiger Beobachtung erkennt man von hinten die «Brunftkugeln». Beim Harnen stehen Vorder- und Hinterbeine weit auseinander und der Körper wird stark gestreckt (Seite 118). Speziell ältere Böcke leben häufiger allein als Geissen.

Bei der Gämsgeiss sind die Hornspitzen kürzer als beim Bock und meist nur leicht schräg nach hinten gebogen. Ist doch ein bockähnlicher Rückwärtsschwung vorhanden, so zeigt dieser eher die Form einer engen Ellipse als eines weiten Halbkreises. Geissen haben normalerweise dünnere Krucken als Böcke (65–80 mm Umfang). Ihr Hals ist etwas länger und schlanker. Während der Säugezeit erkennt man von hinten mit Übung das Euter-Kissen. Es hat vier aktive Milchdrüsen. Die beiden hinteren sind die grösseren (Seite 120). Beim Harnen senken Geissen den Hinterkörper tief gegen den Boden (Seite 78).

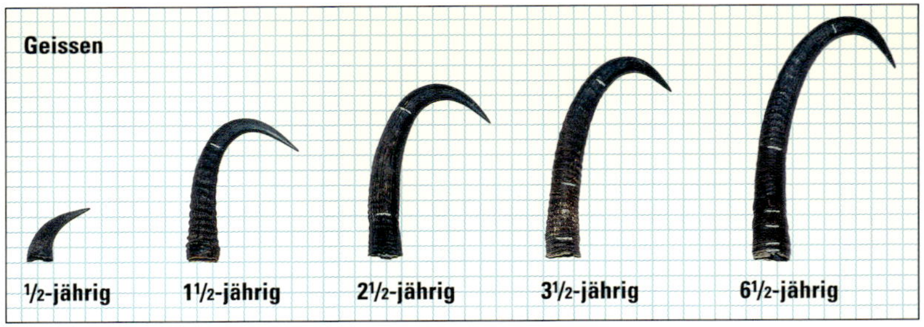

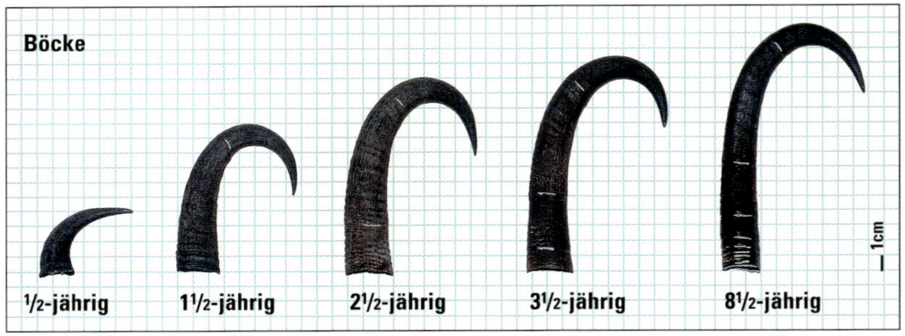

Oben: **In den ersten vier Lebensjahren wachsen die Hörner recht stark. Abgebildet sind für Geissen und Böcke die Wachstumsstadien im Herbst. Die halben Jahre sind auch angegeben, obwohl sonst nur die vollendeten Jahre genannt werden. Besonders lange Hörner verdanken ihren Wuchs den ersten vier Lebensjahren. Später kommen jährlich nur noch wenige Millimeter hinzu. Die volle Krümmung des Gämshorns bildet sich erst im Jährlingsalter (im zweiten Lebensjahr), in welchem der Zuwachs am grössten ist. Zwischen Oktober/November und Februar/März ist das Wachstum nahezu eingestellt, es bilden sich Jahrringe (weiss markiert). Aber oft ist es schwierig, diese von «Schmuckringen» abzugrenzen. Bei Böcken werden die Jahrringe im unteren Teil beim Reiben an Ästen manchmal von einem Harzbelag überdeckt.**

Links: **Das Horn wächst an seiner Basis, nicht an der Spitze. In seinem Inneren steckt ein Knochenzapfen. Auf dem Bild ist dieses fingerförmige Gebilde rechts sichtbar. Es weist bei Kitzen noch eine Krümmung auf, die aber beim Jährling abgebaut wird. Zwischen Knochenzapfen und Horn liegt durchblutete Haut. Hier befindet sich die Wachstumszone. Die Jahrringe am Horn der 14-jährigen Geiss sind weiss markiert. Durch Hautverletzungen entstehen in Ausnahmefällen Verhornungen am Körper ohne Knochenzapfen (Hauthörner).**

Viele Gämsen überwintern im Waldgürtel und steigen dann wieder hoch. Andere halten sich ganzjährig in der alpinen Zone auf. Aber es gibt auch solche mit dauerndem Aufenthalt unterhalb der Waldgrenze oder Gämsböcke, welche die Paarungszeit höher oben verbringen als den Sommer. Die tiefsten Lagen werden im Frühling während Schneefällen aufgesucht. Dann lockt das neue Gras der Talböden besonders.
Das Frühlingsbild zeigt eine solche Situation: ein paar Gämsböcke weiden neben Rehen.

Wahrscheinlich haben unübersichtliche Berglebensräume und die Flucht in den Fels verhindert, dass die Gämse – wie Steinbock oder Rothirsch – in vielen Ländern ausgerottet wurde. Gämsen vermögen zudem einen einmal verlorenen Lebensraum wieder zurückzugewinnen. Die Ausbreitungstendenz stösst dort an Grenzen, wo steile und felsige Rückzugsgebiete vollständig fehlen. Wald und Talböden von geringer Ausdehnung stellen hingegen keine Hindernisse dar. Gipfel wie im Hintergrund werden normalerweise höchstens bis zu den obersten Rasen auf rund 3000 m ü. M. und eher selten genutzt.

Unten: **Man spricht jeweils von einem Rudel, wenn sich einzelne Gämsen in einer Gruppe zusammenschliessen. Ein Gämsrudel umfasst meistens weniger als 30 Gämsen. Aber besonders im Herbst oder Frühling übersteigt die Anzahl Gämsen eines Rudels ausnahmsweise 100 Tiere. Unten sind von links ein Kitz, eine Geiss und ein Bock schön sichtbar.**

Oben: **Obwohl Gämsen Rudeltiere sind, ist der Zusammenhalt zwischen den einzelnen Tieren sehr locker. Gruppengrösse und Gruppenzusammensetzung können ständig wechseln. Eine enge Bindung besteht nur zwischen Geiss und Kitz. Fast ein Jahr lang bleiben diese beisammen. Der Abbruch der Beziehung erfolgt dann vom Kitz wegen erhöhtem Nahrungsbedarf und geringerem Sicherheitsbedürfnis. Geissen und Böcke verbringen mindestens den Sommer voneinander getrennt.**
Viele Böcke halten sich zu dieser Zeit in tieferen Lagen auf als die Geissen und leben häufig allein.

Gämsgeissen besiedeln ihren Lebensraum meistens als Rudel (Gruppe). Die Stabilität solcher Rudel muss zwar als gering bezeichnet werden, doch scheinen sich Gämsgeissen räumlich meistens innerhalb einer einzigen «Gebietsgruppe» zu bewegen. Böcke leben vom Sommer bis gegen den Herbst vorwiegend getrennt von den Geissrudeln. Ältere Böcke halten sich dabei häufig als Einzelgänger auf recht kleinen Flächen auf (z.B. auch im Wald).
Von Neuseeland abgesehen kommen Gämsen heute nur noch in Gebirgslagen Europas vor. Die Verbreitung und Aufteilung in Arten und Unterarten hängt, wie häufig bei Alpentieren und Alpenpflanzen, mit den Eiszeiten zusammen. Aber erst der Mensch und weniger die Grossraubtiere haben nach Salzmann (1975) die Einengung auf alpine Lebensräume bewirkt und die Eliminierung aus tiefer liegenden Steillagen (vgl. M. Baumann 2000a). Jura, Schwarzwald und Vogesen dürfen deshalb als Wiederbesiedlung von einst verlorenem Lebensraum gelten. Gämsen sind also längstens nicht nur oberhalb der Waldgrenze anzutreffen. Felsdurchsetzter Wald spielt praktisch überall eine wesentliche Rolle als Rückzugsgebiet vor Störungen, vor grossen Schneemengen im Winter oder vor starker Besonnung im Sommer und teilweise als ständiger Lebensraum. Allerdings scheint die Bedeutung des Waldes seit der Rückkehr des Luchses (oder überhaupt von Grossraubtieren) mindestens für die Gämsgeissen jetzt wieder abzunehmen.
Beim Fressen bevorzugen Gämsen im Sommer die proteinreichen Kräuter und wechseln im Winter auf die rohfaserdominierten echten Gräser (Poaceae) und die Sauergräser (Seggen, Simsen, Binsen). Grasanteile von weit über 50% sind aber selbst im Sommer möglich. Sofern erreichbar kommt ganzjährig eine gewisse Menge verholzter Pflanzen (mit viel Rohfasern) hinzu. Eine interessante Zwischenstellung nehmen Zwergsträucher ein, die trotz Verholzung ganzjährig viel Protein enthalten. Wo sich Tiere im Winter stark in den Wald zurückziehen, bleiben ihnen als Notnahrung oft nur Zweige alter Fichten oder Föhrennadeln. Wahrscheinlich wird ab einem gewissen Sättigungsgrad lediglich auf die (physiologisch) bekömmliche Ergänzung geachtet. In Zonen mit viel Störungen fressen verunsicherte Tiere vermutlich hastiger und weniger wählerisch. Generell fällt die Bevorzugung proteinreicher Nahrung auf, wo immer diese verfügbar ist. So trifft man Gämsen gerne auf bewirt-

Oben: **Hagebutten (die Früchte der Rosen) werden jeweils ab Winterbeginn von zahlreichen Tierarten gefressen. Gämsen müssen, sorgfältig den Rosenstacheln ausweichend, jedes Exemplar einzeln verdienen. Ob im mühsam erworbenen Dessert ein paar der ziemlich grossen Rosensämchen das Wiederkäuergebiss überstehen, ist nicht bekannt.**

Linke Seite: **Der Gelbe Enzian wird vom Vieh wegen seiner ätherischen Öle (Terpene) nicht gefressen. Gämsen meiden zwar im Sommer die Blätter des Gelben Enzians auch, sind aber scharf auf die Samenkapseln, die sie nach dem Weiden gezielt angehen. Wahrscheinlich fehlen in den Samenkapseln Terpene. Ein Teil der Samen dürfte die Verdauung ertragen und so weiterverbreitet werden.**

Der Gelbe Enzian ist eine typische Alpenpflanze auf Weiden mit Kalkgestein. Er besitzt eine lange Wurzel und treibt jeweils früh seine Blätter aus. Die Blätter sind sehr protein- und zuckerhaltig, werden aber von Gämsen wegen der Terpene fast nur im Frühling gefressen. Deutliche Frassspuren sind links unten erkennbar.

schafteter (nährstoffreichen) Alpweiden an. Aus dem gleichen Grund folgen sie der neu wachsenden Vegetation im Frühling von der Talsohle in die Gratlagen, im Spätsommer in die Nordhänge und im Spätherbst wieder zurück auf die Südflanken. Die Nahrungswahl der Gämsen konzentriert sich eher auf die frischesten Pflanzenteile als auf gewisse Arten. Die Listen gefressener Pflanzen umfassen mittlerweile um die 300 Arten. An beliebten Pflanzen seien genannt: die meisten Trifolium-Kleearten (z.B. Rotklee), Echte Goldrute, Heidelbeere, Gemeines Leimkraut, Gemeiner Hornklee, Tragant-Arten, Alpenrebe Alpen-Anemone, Alpen-Rispengras (Poa), Alpen-Lieschgras (Phleum), Schwingelarten (Festuca), Gemeines Ruchgras (Anthoxantum), Knäuelgras, Blaugras, Gelbe Hainsimse oder im Winter auch Besenheide, Erika, Horst-Segge, Nacktriedbinse (vgl. Rossi). Unter den giftigen oder stark riechenden Pflanzen werden der Weisse Germer, die Moschus-Schafgarbe oder die Baldrian-Arten gelegentlich erstaunlich stark konsumiert. Im Winter sollen giftige Eibennadeln sogar Todesopfer fordern.

Das Gebiss der Gämse ist ein typisches Wiederkäuergebiss in einer langlebigen Ausführung, dem vorne im Oberkiefer Zähne fehlen. Grösster Schwachpunkt sind die Schneidezähne und Eckzähne vorne im Unterkiefer. Werden diese Schaufeln stark beschädigt, ist eine ausreichende Ernährung gefährdet. Die Nahrung wird unter Mithilfe der Zunge abgerupft und im Pansen-Magen zwischengelagert. Dort läuft eine Vorgärung ab. Danach gelangt Faserarmes in den Blättermagen und Faserreiches wird nötigenfalls mehrmals wiedergekäut. Für die Nahrungsaufnahme lassen sich ganzjährig Schwerpunkte morgens und abends ermitteln, aber auch die Stunden um Mitternacht! Es werden dazu ungefähr 14 Stunden des 24-Stunden-Tages beansprucht. Dabei gelangen im Sommer bestimmt 5 kg Pflanzenkost in den Pansen-Magen und nach dem Aufbrauchen der Fettvorräte am Ende des Winters zur Kompensation der schlechten Nahrungsqualität nach Möglichkeit gar noch mehr. Zwischendurch wird liegend wiedergekäut, was insgesamt täglich nochmals 4 oder mehr Stunden dauern dürfte. Die erforderliche Zeit zum Wiederkäuen hängt vom Rohfasergehalt der Nahrung ab. Man rechnet im Winter wegen zäherer Nahrung mit mehr Wiederkäubewegungen pro Nahrungsportion als im Sommer. Für den Schlaf verbleiben maximal etwa 5 Stunden. Tagsüber ist es eine grosse Seltenheit, eine Gämse auch nur wenige Sekunden lang mit geschlossenen Augen und abgelegtem Kopf zu sehen. Alpine und subalpine Gämsen fressen bei Regen und Wind nicht weniger. Dies gilt auch bei Schneefall, solange die Vegetation zugänglich bleibt. Kündigen sich Niederschläge vorher an, wird die Nahrungsaufnahme aber eher etwas vorverschoben und intensiviert.

1

2

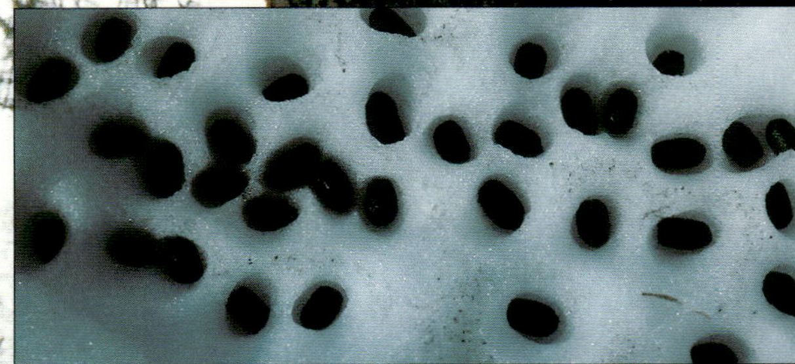

3

4

1 Die Nahrung unter dem Schnee hervorzuscharren lohnt sich nur bei weichem Schnee oder grünem Gras.

2 An bevorzugten Ruheplätzen mit gutem Überblick sammelt sich viel Losung an.

3 Die Losung hat im Jahresverlauf eine sehr unterschiedliche Form und Grösse. Im Frühling ist sie oft breiig oder eingepackt in eine Schleimkette. Später in der Saison sieht man häufig Ballen und im Winter einzelne Bohnen. Eine klare Unterscheidung von Gäms-, Reh-, Ziegen- oder Schaflosung ist, bedingt durch die hohe Variabilität, kaum möglich.

4 Ruheplätze werden mit den Hufen zur Verbesserung der Wärmeisolation vom Schnee befreit – und auch von Steinen oder Tannzapfen. Beliebte Stellen befinden sich am Fusse von Bäumen.

5 Manchmal ballen sich im Pansen-Magen Pflanzenteile zu einer federleichten Kugel zusammen. Solche Bezoarkugeln sind nicht immer kugelförmig. Die maximale Grösse kann 7 cm betragen. Ihre Zusammensetzung besteht aus normalem Mageninhalt, der vielleicht einem Harzklümpchen anhaftet. Magenkugeln schrieb man im 19. Jahrhundert magische Heilkräfte zu und schoss nicht zuletzt deswegen alle erreichbaren Wildtiere ab. Um 1876 herum gab es in der Schweiz nur noch wenige Gämsen.

5

6

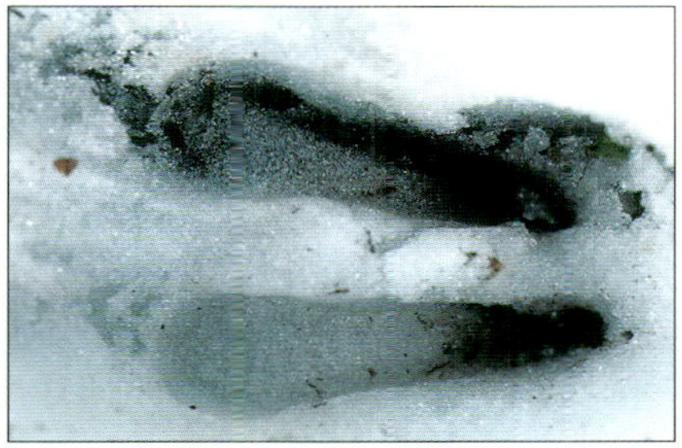

7

8

6 Die Winterhaare der Gämse sind im Gegensatz zu Reh oder Hirsch stark gewellt und weisen gegen die Spitze zu keine helle Bänderung auf (höchstens an der Spitze selber). Ihnen fehlen im Unterschied zum Steinbock gut sichtbare Wollhaare. Spezialisten können die Haare eines Tieres spätestens unter dem Mikroskop auf die Art bestimmen, Genetiker gar bis auf ein bestimmtes Individuum.

7 Gämsen laufen nur auf Zehenspitzen. Ein Trittsiegel ist demnach eigentlich ein «Fingerabdruck» – und identifiziert die Art normalerweise gut: beide Hufschalen laufen gegen vorne langsam spitz zusammen und sparen bei ruhiger Fortbewegung einen nicht ganz fingerbreiten, gleichmässigen Streifen aus, das «Fädchen». Wer auf das Fädchen achtet, vermeidet Verwechslungen mit anderen Arten.

8 Die aussergewöhnliche Spreizfähigkeit der Gämshufe soll vermindertes Einsinken im Tiefschnee bewirken. Nur vergrössert sich dabei die Auflagefläche im Schnee kaum und stützt somit diese Annahme nicht. Auf zwei Füsse verteilt (die zwei andern sind beim Gehen in der Luft) ergibt sich für eine erwachsene Gämse ein Gewicht zwischen 0,6 bis 1,3 kg pro Quadratzentimeter Hufflläche. Bei 60 kg schweren Menschen sind es auf einem Fuss rund 0,3 kg.
Eine grosse Huf-Spreizfähigkeit hat immerhin Vorteile bei Sätzen abwärts in schwierigem Gelände. Sichtbar sind nebst den beiden Hufschalen oben auch die beiden Afterklauen. Dies sind verhornte Hautteile ehemaliger Zehen, die beim Springen auch Bodenkontakt haben und dabei zusätzlichen Halt geben. Die Hufsohlen (zwischen den Schalenrändern) bestehen aus elastischem Gewebe und die harten Schalen sind hinten ebenfalls leicht elastisch.

Das Fluchtverhalten

Gämsen flüchten bei Gefahr gerne in felsige Steilhänge. Ihr Fluchtverhalten ist komplex und deshalb schwierig zu interpretieren. Meistens dürfte es darum gehen, Feinde genau zu unterscheiden, um kräftezehrende Überreaktionen zu vermeiden. Hierzu ist der Zusammenschluss zu Rudeln nützlich.

Gämsen behalten, von wenigen Ausnahmen abgesehen, selbst in nur schwach bejagten Gebieten eine grosse Scheu vor Menschen. Die Fluchtdistanz hängt von zahlreichen, schwer einschätzbaren Faktoren ab: Geissen mit kleinen Kitzen sind ängstlicher als Geissen mit älteren Kitzen. Böcke geben sich weniger scheu als Geissen. Überraschte Tiere flüchten früher und weiter als nach langem Sichtkontakt. Auf Störungen von oben reagieren Gämsen häufig empfindlicher als auf solche von unten. Sich unentdeckt fühlende Individuen bleiben eher an Ort als erkannte Tiere. Gämsen mit vollem Magen ziehen sich schneller zurück als solche mit leerem Magen. Gegen das Winterende spielt auch abnehmende Kondition eine Rolle. Rudel (Gruppen) sind weniger störungsanfällig als Einzeltiere, sofern nicht eine besonders scheue Gämse alle zur Flucht veranlasst. Auch die Geländestruktur kann wesentlich sein und bei älteren Böcken vielleicht sogar der Besitz eines Territoriums. Weiter entscheiden die Häufigkeit und Erfahrung mit menschlichen Begegnungen: z.B. Jagd oder Gewöhnung (vgl. Albrecht). Die komplexen Verhaltensunterschiede verunmöglichen uns Menschen weitgehend die Beurteilung, wann eine Gämse eine Gefahr eindeutig als solche wahrgenommen hat und wann nicht. Die Fluchtdistanz gegenüber Menschen liegt für Geissenrudel auf Weiden ungefähr zwischen 100 und 300 m. Bei tief fliegenden Gleitschirmen sind es manchmal bis 800 m. Aber auch Flugobjekte haben nicht alle und überall die gleiche Wirkung. Gelegentlich werden Unterschiede zwischen ganzen Staaten vermutet. Motorflugzeuge und Düsenflugzeuge finden meist kaum Beachtung, Helikopter eine sehr unterschiedliche. Segelflugzeuge und Heissluftballone sind annähernd vergleichbar mit Gleitschirmen. Ähnlich stark ist die Reaktion auf frei laufende, bellende Hunde. Vor Menschen flüchtende

Seiten 22 und 23: **Ein Geissrudel flüchtet vor einem Luchs, der aber die Verfolgung nicht aufnimmt, weil das für ihn ein aussichtloses Unterfangen wäre: beim Flüchten sind Gämsen schneller (mindestens 50 Stundenkilometer schnell). Der Luchs ist bei seinen Angriffen nur aus nächster Nähe erfolgreich, idealerweise aus 1–2 m.**

Links: **Verunsichert, mit angehobenem Schwanz und leicht gesträubten Rückenhaaren, fixiert eine Geiss nach mehreren Fotos im Frühling den sitzenden Fotografen. Im Sommer wäre die gleiche Geiss mit ihrem jungen Kitz sofort geflüchtet, auch wenn sie die Gefahrenquelle noch nicht eindeutig erkannt hätte. Jetzt aber ist ihr Kitz, das auf dem Bild nicht zu sehen ist, kräftig genug, um jede Flucht mitmachen zu können. Besondere Vorsicht ist deshalb nicht mehr nötig. Gämsen haben gute Augen, reagieren aber häufig erst auf Bewegungen oder Witterung mit Flucht. Kommen Geräusche dazu, vereinfacht sich die Entscheidung zur Flucht.**

Unten: **Gämsgeissen mit kleinen Kitzen sind sehr ängstlich. Wahrscheinlich fliehen sie schon, bevor eine Gefahr genau erkannt ist. Allerdings kommen kaum unbegründete Fluchten vor. Die exakte Beurteilung, warum die gleiche Geiss mit ihrem Kitz einige Monate später viel zögerlicher flüchtet, fällt daher schwer. Klar ist nur, dass kleine Kitze vor Feinden besonders geschützt werden müssen. Aber die Frage, wie gut Gämsen Gefahren wahrzunehmen und einzuschätzen vermögen, ist damit noch nicht beantwortet. Der bewegungslos lauernde Luchs wird oft übersehen.**

Ein Gämsrudel steigt nach der Siesta auf einem Schneefeld gegen Mittag mit den kleinen Kitzen in den mehr Sicherheit bietenden Fels. Die Geiss-Kitz-Pärchen verzetteln sich dabei auf einer langen Strecke. Dazwischen gruppieren sich ein paar Jährlinge. Obwohl der Rückzug ruhig erfolgt, haben einzelne Geissen wahrscheinlich doch etwas vom Fotografen mitbekommen.

Oben: **Die enge Bindung zwischen Mutter und Kitz zeigt sich gerade auch auf der Flucht: eingereiht in eine fluchttypische Einerkolonne folgen sie direkt hintereinander. Schon bei verhältnismässig kleiner Beunruhigung suchen Kitze die Nähe der Mutter. In der Säugeperiode lösen Störungen oft unmittelbar das Säugen aus. Ist allerdings die Geiss sehr unruhig, lässt sie das Kitz nicht gewähren. Immer nach dem Saugen ist die Nachfolgebereitschaft des Kitzes gegenüber seiner Mutter erhöht.**

Linke Seite: **Flüchtende Gämsen steigen oft in recht abschüssige, obgleich durchaus nicht unwegsame Felsen. Viele Fluchtpassagen erfordern Routenkenntnisse, die von jüngeren Generationen bei häufiger Begehung wie selbstverständlich übernommen werden. Die Position einer Gämse in der Flucht-Einerkolonne hängt ab vom Angstgefühl und vom Sicherheitsempfinden – weniger vom Rang: Geissen mit Kitz nehmen die Spitze ein, dann folgen tendenziell ranghöhere Geissen ohne Kitz und am Schluss kommen die ranghöchsten Böcke. Geissen sind zumindest mit kleinen Kitzen sehr ängstlich und flüchten sofort, Böcke flüchten nicht gerne ohne genaues Erkennen einer Gefahr, Geissen ohne Kitz liegen auch in ihrer Ängstlichkeit und Vorsicht irgendwo dazwischen. Zuerst flüchtende Tiere gewinnen nicht unbedingt mehr Sicherheit als diejenigen am Schluss: man denke z.B. an früher übliche Treibjagden. Die vordersten Fluchtpositionen sind mit Bestimmtheit nicht die beliebtesten.**

Gämsen legen regelmässig Strecken von mehreren hundert Metern zurück und erscheinen in vielen Gebieten frühestens am nächsten Tag wieder am betreffenden Ort. Auf der Flucht bilden auch grosse Rudel spätestens in schwierigem Gelände eine Einerkolonne.

Mit Fluchtdistanz bezeichnet man die Entfernung, ab welcher ein Tier flüchtet. Ängstlichkeit äussert sich aber bereits auf grössere Entfernungen (Reaktionsdistanzen). Die Herzfrequenz (der Puls) als Mass für die Ängstlichkeit ist an Gämsen bisher nie untersucht worden, bekannt sind aber Maximalwerte bis 200 Schläge pro Minute bei zur Markierung eingefangenen Tieren. Fressende Gämsen kontrollieren etwa ein- bis dreimal pro Minute kurz ihre Umgebung. Bei schlechtem Wetter deutlich seltener. Am sichersten fühlen sich Gämsen im Fels. Menschen unterlassen dort die Jagd, weil die erlegte Beute abstürzt, und der Wolf scheint ihnen nicht nachsteigen zu können. Vor menschlichen Flugobjekten bevorzugen Gämsen indessen nicht selten die Flucht (hinab) in den Wald. Bis vor der Wiederansiedlung des Luchses spielte felsdurchsetzter Wald jedenfalls eine grosse Rolle als Rückzugsgebiet vor Beunruhigungen und vor Neuschnee oder ganz allgemein als Lebensraum.

Gegenüber Fressfeinden sieht das Fluchtverhalten anders aus als gegenüber Menschen, ist aber nur in Ansätzen bekannt. Möglicherweise reduziert die Präsenz eines Luchses in einer frühen ersten Phase die Fluchtdistanz gegenüber Menschen, indem Gämsen nur noch den Luchs «im Kopf» haben. Die Gämsen wirken an einem solchen Beobachtungsort äusserst unruhig, und es häufen sich konditionell bedingte Todesfälle (Fallwild). Später lässt sich die Anwesenheit eines Luchses nicht mehr aus dem Verhalten der Gämsen ablesen. Im direkten Kontakt mit dem Luchs flüchten Böcke oft nicht sofort, Geissen aber schon. Gegenüber dem Steinadler ist sowohl für Böcke wie für Geissen die Bereitschaft zur Gegenwehr zentral. Manchmal erfolgt nach der Abwehr eines ersten Adlerangriffes ein kurzer Ortswechsel von exponierten Stellen weg in nischenähnliche Geländesenken. Die Fluchtreaktion in deckungsarmem Gelände fällt somit bei Adlern und Gleitschirmen sehr verschieden aus. Der Unterschied lässt Zweifel aufkommen, ob Gämsen Gleitschirme als «grössere Adler» wahrnehmen.

Rechts: **Eine Flucht im Geröll beweist grosse Trittsicherheit. Wenn gesagt wird, das Sehvermögen der Gämsen sei schlecht, so lässt sich dies mit Leichtigkeit widerlegen: erblindete Individuen verlieren die Trittsicherheit komplett und stürzen bei Bedrängung durch Menschen auf der Flucht unter Umständen sogar ab.**

Unten: **Bei ernsthafter Verunsicherung rücken Gämsen eines Rudels enger zusammen. Wie hier sind oft andere Gämsen Auslöser einer solchen «Vorflucht»: Gämsen müssen andere Gämsen vorerst als Artgenossen erkennen. Insbesondere eine lange, intensive Jagdzeit oder erstmals auftauchende Luchse können die Ängstlichkeit von Gämsen derart erhöhen, dass kleinste Reize sofort zu Unruhe führen. Solcher Stress belastet die Nahrungsaufnahme und bewirkt wahrscheinlich auch vermehrt Rangauseinandersetzungen zwischen den Individuen, schlechte Kondition und die Abwanderung einzelner Tiere.**

Springt eine Gämse aus einem Rudel fluchtartig weg, folgen ihr die andern ohne zu zögern sofort nach. Dies bedingt, dass die Tiere eines Rudels immer auch ein Auge auf ihre Artgenossen halten und insbesondere Normales (Auseinandersetzungen, Spiel, Mückenstiche) von Fluchtbewegungen unterscheiden. In einem Rudel bewirkt meist das ängstlichste Tier die Flucht. Liegende Gämsen nehmen Gefahren am frühesten wahr, erfüllen aber keine Wächterpflichten – wenigstens nicht so, dass abwechslungsweise immer ein Tier liegt. Ein solches System würde einen aussergewöhnlich hohen Grad an Zusammenarbeit erfordern und könnte leicht ein einzelnes Tier bei der zeitaufwändigen Nahrungsaufnahme benachteiligen. Die Einzeltiere im Gämsrudel machen alle ungefähr zur gleichen Zeit das Gleiche. Diese Regel wird am ehesten im Hütesystem mit kleinen Kitzen durchbrochen. Ein Wachtpostensystem gibt es nicht. Der Zusammenschluss einzelner Gämsen in Rudeln dürfte trotzdem wesentlich mit der besseren Feind-Erkennung bei geringerem Wachsamkeitsaufwand und kleinerem Sterberisiko zusammenhängen. Allerdings stehen diesen Vorteilen auch gewisse Nachteile gegenüber, die aber offensichtlich nicht ins Gewicht fallen: stärkere Konkurrenz, höhere Ansteckungsgefahr für Krankheiten und mehr sozialer Stress. (Wir sprechen in diesem Buch von Stress, obwohl seine Auswirkungen bei der Gämse wissenschaftlich nicht untersucht sind.)
Nach selber gemachten Feststellungen vermögen Gämsen bei günstigen Windverhältnissen Menschen auf ca. 200 m zu riechen und reagieren dann ohne zusätzliche Informationen sofort mit Flucht. Hingegen ist bekannt, dass bei Gämsen mit extrem geringer Fluchtdistanz der Geruchssinn keine Rolle mehr spielt (vgl. Vaucher). Im Augstmatthorngebiet könnte ebenfalls eine Gewöhnung an menschliche Witterung erfolgt sein (vgl. Krämer, Gander und andere). In der Literatur werden sehr unterschiedliche «Riechdistanzen» bis 800m genannt (Couturier). Ruedi Kunz, ein Berner Wildhüter, vermutet in seinem Gebiet am Niesen nachts maximale «Wind-Fluchtdistanzen» von 500–600m. Nachts weiss man nie genau, wie Rudelverschiebungen zu Stande kommen. Wahrscheinlich ziehen einzelne Tiere aus naher Distanz weiter entfernte mit. Aber die 200 m müssen nicht unbedingt den tatsächlichen Geruchs-Wahrnehmungsfähigkeiten der Gämsen entsprechen. Sie könnten lediglich die Reaktionsdistanz in verschiedenen Gebieten oder Situationen darstellen. Wind transportiert die Geruchsstoffe je nach Wetter äusserst unterschiedlich. Zudem ist ein wesentlicher Unterschied zwischen Rauchern und Nichtrauchern anzunehmen.
Im Gelände orientieren sich Gämsen mit Hilfe ihrer Augen. Die Augen nehmen Bewegungen eines Menschen und Sonnenreflexe auf Uhren, Brillengläsern oder dergleichen weit über die Fluchtdistanz hinaus wahr. Wer jedoch still und gegen den Wind ganz langsam die Fluchtdistanz unterschreitet, erlebt gelegentlich überraschende Reaktionen: nach erster (optischer) Ent-

Oben: **Die abgebildete Geiss und ihr Kitz wurden gestört, konnten aber die Gefahrenquelle nicht richtig erkennen. Nach einer kurzen Fluchtstrecke halten sie verängstigt inne. Beide nehmen die Harnstellung ein und die Geiss harnt sogar. Es handelt sich dabei um eine typische Stressreaktion von Geissen gegenüber Gämsen oder Feinden, insbesondere Menschen. In Auseinandersetzungen mit anderen Gämsen pflegen unterlegene Geissen auf dem Rückzug zu harnen. Während der Rückzug das Eingeständnis der Unterlegenheit ist, bekommt Harnen nur in der Paarungszeit eine Bedeutung.**

Oben rechts: **Gämsen vermögen mit der Nase Spuren von Artgenossen, Menschen und anderen Tieren zu unterscheiden, das geht aus ihrem Verhalten hervor: Spuren von Menschen werden schon mit erhobenem Kopf wahrgenommen und am Boden geruchlich kontrolliert. Wo Menschen selten hinkommen, verhalten sich Gämsen danach oft etwas verunsichert und aufmerksamer, manchmal pfeifen sie. Hier schnüffelt allerdings ein Bock in der Paarungszeit am Boden. Dies kommt an Harnstellen von Geissen häufig vor, oder wenn zwei Böcke ihre Stärke imponierend austesten, oder beim Weibchen ins Rudel zurücktreibenden Bock.**

deckung bewegungslos verharrend, löst man oftmals riesige Unsicherheit aus, ohne dass die Gämsen davonspringen. Nur Gämsgeissen mit kleinen Kitzen fliehen immer sofort, desgleichen häufig und stark gestörte Gämsen oder allenfalls Gämsen an sehr ungestörten Orten. Die Reaktion auf die beschriebene Überraschung geht von Harnen und ständig wiederholten Pfiffen immer der gleichen Gämse bis zu Umrundungsversuchen, in der Absicht Wind zu erhalten. Auf kurze Distanzen kommen manchmal «Stampfen» mit einem Vorderbein dazu oder einzelne, bockige Stampfsprünge mit guter Hörbarkeit beim Auftreten auf den Boden. Die beiden letzten Verhaltensweisen drücken Unsicherheit oder Ungeduld aus. Falls überhaupt eine Absicht dahinter steckt, dann wohl die, einen unbeweglichen Feind zu einer Bewegung zu verleiten und so die Situation zu klären. In der Folge verrät sich ein halbwegs entdeckter Mensch früher oder später durch Bewegungen oder Geräusche, oder die Gämsen «profitieren» von drehenden Windverhältnissen, was dann zur Flucht führt. Wahrscheinlich wollen Gämsen jede energiezehrende Flucht (weg von guten Nahrungsplätzen) vermeiden, solange irgendwelche Zweifel in einer Feindsituation bestehen. Gämsen haben v.a. für Bewegungen ein hervorragendes Wahrnehmungsvermögen. Ohne Bewegungen bereitet ihnen die genaue Feind-Erkennung aber offensichtlich Schwierigkeiten. Luchse profitieren nach eigenen Beobachtungen mindestens bei Böcken von diesem Sachverhalt.

In absolut regungslos dasitzende Personen laufen Gämsen gelegentlich förmlich hinein, reagieren aber natürlich spätestens nach der Geruchs-Wahrnehmung mit Flucht. Ob das Auge Gämsen zum Farbsehen befähigt, mutet zwar eher unwahrscheinlich an, ist aber nicht geklärt. Persönlich besteht aus früheren Jahren der Eindruck, die Reaktions-Empfindlichkeit auf die Farbe Rot sei erhöht. Im Übrigen scheinen Gämsen roten Fussschlingen beim Fang für Markierungen besser ausweichen zu können als andersfarbigen. Man billigt der Gämse bei spärlichen Lichtverhältnissen im Allgemeinen ein besseres Sehvermögen zu als uns Menschen.

Die Hörschärfe ist (bei unbekanntem Frequenzbereich) wohl nur annähernd vergleichbar mit derjenigen eines Hundes. Kurzzeitige menschliche Stimmen bewirken für sich allein genommen nicht in jedem Fall sofortige Flucht. Auch scheinen sich Gämsen beim Flüchten manchmal vom Echo aus Felswänden täuschen zu lassen. All diese Hinweise sind aber letztlich eine Interpretation von Reaktionen auf Geräusche in einer bestimmten Situation und nicht eine Beurteilung des Gehörs selber.

Der Gämspfiff

Die Lautäusserungen der Gämse sind zahlreich. Sie werden einzeln beschrieben. Aber nur der Gämspfiff hat es zu Popularität gebracht, da er häufig schon im ersten Kontakt mit Gämsen vernommen wird. Hingegen bleibt fraglich, ob der Mensch die «Biologie» dieses Lautes bereits durchschaut.

Dem Gämspfiff liegt (wie beim Murmeltier) keine warnende Absicht zugrunde, seine Wirkung auf andere Gämsen ist aber ähnlich, wie wenn dies der Fall wäre. Pfeifende Gämsen fixieren die Gefahrenquelle häufig frontal. Liegende Gämsen stehen vorher auf. Wird die Art einer Gefahr genau erkannt, pfeifen Gämsen nicht unbedingt (oder seltener). In einem Rudel pfeift normalerweise nur ein einziges Tier.

Oben: **Gämse und Murmeltier bewohnen den gleichen Lebensraum und arbeiten bei Feind-Erkennung mit einem ähnlichen «Pfiffsystem». Auch handelt es sich in beiden Fällen nicht wirklich um Pfiffe. Gämsen und Murmeltiere reagieren in hohem Masse nicht nur auf ihre eigenen Pfiffe, sondern ebenfalls auf diejenigen der jeweils anderen Tierart. Mit angehobenem Schwanz «begutachtet» der Gämsbock ein Murmeltier.**

Seiten 32 und 33: **Im Rudel verringert sich der Zeitaufwand der einzelnen Gämse zur Umgebungskontrolle und die Sicherheit erhöht sich. Die stumme «Absprache» zwischen den Rudelmitgliedern beruht auf dem Verhalten und ähnlichen Bedürfnissen zur gleichen Zeit. Lautäusserungen aber entsprechen der Stimmung des Moments: Eine Gämse, die in kürzerer Entfernung einen Menschen wahrnimmt, wird ihren Mitgämsen daher nicht meckernd erzählen, dem gleichen Menschen schon mal begegnet zu sein. Sie wird pfeifen und flüchten. Alles andere lässt sich nicht beweisen.**

Der Gämspfiff ist vielen mindestens vom Hörensagen her bekannt. Anders als der Begriff andeutet, handelt es sich aber dabei nicht um einen mit Lippen und Zunge gebildeten Pfiff, sondern lediglich um laut durch die Nase ausgeblasene Luft. Der Gämspfiff ist auch kein Warnpfiff, vielmehr eine Angststimmungs-Äusserung eines Individuums. Wäre er ein Warnpfiff, sollte eine Einzelgämse nicht pfeifen: sich selber muss sie schliesslich nicht warnen. Sodann pfeifen Gämsen weniger häufig (oder nicht), wenn eine Gefahr genau erkannt wird. Das gilt auch für eine Gämse im Rudel – da können noch so viele Gämsen nebenan nichts gemerkt haben. Als weiterer Hinweis, warum Gämspfiffe keine Warnpfiffe sind, können Situationen mit viertelstündigen «Pfeifkonzerten» gelten, obwohl dann längstens keine Gämsen mehr zu warnen sind. Oder warum sollte eine Gämse beim Beriechen einer manchmal mehrere Stunden alten menschlichen Spur warnen, ohne jemanden zu sehen? Auch pfiff eine Gämsgeiss, die einem Luchs entging, danach im Schockzustand in Minutenabständen eine Stunde lang.

Wer trotz der erwähnten Beispiele den Gämspfiff immer noch reflexartig mit Warnabsichten in Verbindung bringt, darf die gemachte Differenzierung als Haarspalterei abtun. Letztlich profitieren die Gämsen zweifellos gegenseitig vom Pfeifen. Nach einem Pfiff werden alle Gämsen in der Umgebung aufmerksam und unruhig, bereit zur Flucht. Selbst Murmeltierpfiffe finden grosse Beachtung, desgleichen die Alarmlaute von Vögeln. Zudem gibt es beim Gämspfiff auch Argumente, welche gegen eine Beurteilung als Angststimmungsäusserung zu sprechen scheinen: In einem Rudel pfeift meistens nur eine einzige Gämse.

In der Paarungszeit gewinnen kleinste Geissrudel die Aufmerksamkeit eines Bockes ausnahmsweise erst, wenn ein Tier pfeift. Pfiffe üben nicht nur in der Paarungszeit gelegentlich eine anziehende Wirkung auf andere Gämsen aus. Allerdings beruht diese dann wohl vorab auf dem Sicherheitsbedürfnis und kann bei Böcken vom Brunfttrieb beeinflusst sein. «Unechte» Pfiffe zur Täuschung anderer Gämsen, z.B. um Konkurrenz «wegzuschicken» dürfte es nicht geben, weil ein Gämspfiff allein die Flucht nicht auslöst. Es braucht dazu mindestens die Flucht der pfeifenden Gämse und vorher i.d.R. ein Angst auslösendes Objekt. Bei wiederholt erheblich gestörten Gämsen pfeifen einzelne Tiere mitunter scheinbar grundlos und stiften so anfänglich viel Unruhe. Lovari und Locati berichten über die Pyrenäen-Gämse vom Weibchen in die Herde zurücktreibenden Bock, der dazu gelegentlich pfeift. Bei der Alpen-Gämse pfeift in solchen Situationen allerdings höchstens die Geiss. Auf ganz kurze Distanzen überraschte Gämsen pfeifen nicht oder jedenfalls erst später beim ersten Fluchthalt. So gut wie ausgeschlossen sind Pfiffe vor einer Flucht, die durch Geruchs-Wahrnehmung verursacht wird. Nach Schnidrig-Petrig (1998) pfeifen Gämsen häufig nach einem vollständigen Fehlschuss – nicht jedoch, wenn sie angeschossen werden. Unklar ist, ab welchem Alter Gämsen pfeifen; Kitze tun dies nämlich so gut wie nie – so dass lediglich zwei eigene Beobachtungen von pfeifenden Kitzen vorliegen.

Im Handel sind die Gesänge praktisch jeder Vogelart auf Tonträgern erhältlich. Für die Säugetiere beschränkt sich die Auswahl im Wesentlichen auf den röhrenden Rothirsch. Von der Gämse dürfte überhaupt nichts Käufliches auf dem Markt sein. Ähnliches gilt sogar für wissenschaftliche Arbeiten über das Stimmrepertoire und die damit korrespondierenden Verhaltensweisen der Gämse. Dabei erweist sich die Gämse nicht nur in ihrem Verhalten, sondern auch in ihren Lautäusserungen als ungewöhnlich interessante Tierart.

Gut bekannt ist das Meckern: eine Mischung aus Blöken und Rülpsen – bei Jungtieren näher am Blöken, bei Geissen näher am Rülpsen, also auch tiefer. Man sollte bei Kitzen eigentlich von Blöken sprechen, weil sich die beiden

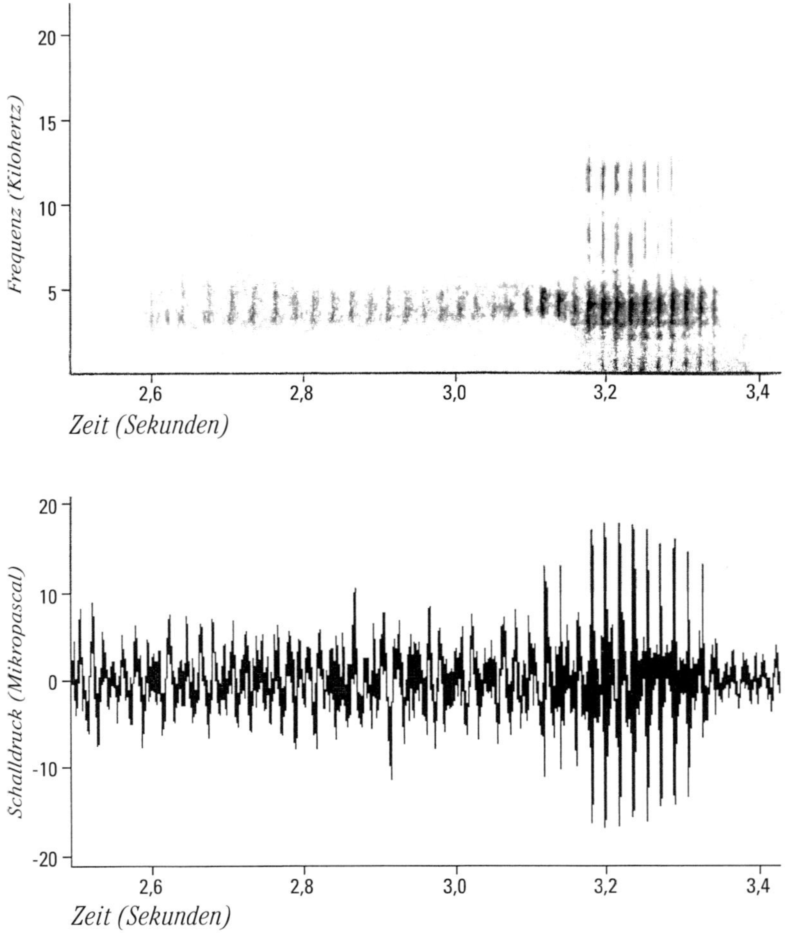

Rechte Seite: **Blädern ist das verhältnismässig leise Meckern der Böcke während der Paarungszeit. Typisch dabei ist das stark geöffnete Maul mit weit herausguckender Zunge. Es blädern vorab Hauptböcke beim Rudel, die auf diese Weise wohl gegenüber andern Böcken ihre Präsenz anzeigen; aber regelmässig auch Hauptböcke im Zweierkontakt miteinander. Blädern übt auf Geissen in der Paarungszeit möglicherweise eine gewisse stimulierende Wirkung aus. Rangniedrige Böcke blädern kaum oder nur kurz, wenn sie «allein» sind.**

Oben: **Die obere Grafik zeigt das Klangspektrogramm (Sonogramm) eines blädernden Hauptbockes, die untere Grafik das Oszillogramm des gleichen Tondokuments. (© Peter W. Baumann und Dr. Peter Zingg).**

Laute klar unterscheiden. Dieser Kontaktlaut, insbesondere zwischen Kitz und Geiss, ist in der Zeit der Säugeperiode am häufigsten zu hören, danach kaum mehr. In Winterrudeln ist Meckern jedenfalls äusserst selten. Gegen den Frühling zu fehlen eigene Feststellungen völlig. In der Phase ganz junger Kitze mag Meckern tatsächlich ausgesprochen leise sein und vielleicht ausschliesslich von der Geiss ausgehen, aber später erlangt es entgegen verbreiteter Meinung gerade bei den hohen, plärrenden Kitzstimmen gut und gerne die Reichweite der Pfiffe. Meckern dient dem Wiederfinden, wenn sich einzelne Geissen und Kitze aus den Augen verloren haben. Allerdings dauert es nach einer Flucht gewöhnlich eine halbe Stunde, bis sie sich zu meckern getrauen.
Das Meckern der Böcke heisst «Blädern» und scheint nach heutigem Wissen beschränkt zu sein auf die Paarungszeit. Blädern ist vorab die Lautäusserung der ranghohen Hauptböcke beim Rudel und dürfte nur auf rund 150 m hörbar sein. Im Grunde genommen besteht Blädern aus zwei Teilen: aus einem tiefen, moduliert motorisch klingenden Schnurren und einer meckernden, kurzen Steigerung. Beide Teile treten oft allein auf. Der schnurrende Teil von Blädern ist von Hauptböcken beim Rudel besonders ausgeprägt zu hören, z.B. nach der Rückkehr von einer Verfolgungsjagd und wohl überhaupt in der Hochbrunft. Die Reichweite ist geringer als diejenige des meckernden Teils von Blädern. Meile und Bubenik möchten Blädern ebenfalls stärker unterteilen und führen beispielhaft drei Laute auf, die schwer nachvollziehbar sind. Lovari und Locati reden bei der Pyrenäen-Gämse von grossen individuellen Unterschieden im Blädern verschiedener Böcke. Sie fanden indessen selbst beim einzelnen Bock keine «Norm» und verzichteten deshalb auf die graphische Darstellung (des Sonogrammes). Im Übrigen wollen Meile und Bubenik Blädern «öfters» von Geissen vernommen haben. Diese Ansicht war bisher nicht mehrheitsfähig, soll aber hier insofern bestätigt werden, als das Meckern der Geissen noch variabler ist als das Blädern der Böcke: die Spannweite reicht von einem «Mee» über ein mit Schafen vergleichbares «Mää» bis zu deutlich weinerlichen Tonlagen oder eben äusserst bockähnlichen Ausprägungen, welche in der Paarungszeit nur schwer vom Blädern zu unterscheiden wären. Nur aus unmittelbarer Nähe hörbar ist ein leises, abgewürgtes Meckern vom Bock in der Vorpaarungsphase – ähnlich oder identisch mit demjenigen von dominanten Geissen (Böcken?) in Rangausmarchungen zu zweit, mit Ansätzen von Aufreitversuchen. Dies würde darauf hindeuten, dass die Haltung des Bockes beim Werben doch etwas mit der Dominanzhaltung beim Imponieren zu tun hat. Die Einordnung und Benennung dieser Laute ist vorläufig unklar. Es ist fraglich, ob sie mit Blädern gleichzusetzen sind. Die Zungenhaltung und das annähernd geschlossene Maul unterscheiden sich etwas voneinander.
Während einer Verfolgungsjagd «keucht» der hetzende Bock meist laut vernehmbar, was wie das Zischen einer Dampflok tönt. Leicht beunruhigte Gämsen «knuffen» leise, was sich anhört wie ein unterdrücktes Niesen. Ausei-

Bei Verfolgungen zwischen zwei Böcken in der Paarungszeit ist vom Verfolger oft demonstratives Keuchen zu hören. Keuchen darf als Zeichen für den höheren Rang des Verfolgers gewertet werden. Aber sonst sind Rollentausch von Verfolger und Verfolgtem wenigstens als Ausnahmefälle belegt. Keuchen wird auch demonstrativ von Hauptböcken beim Rudel eingesetzt, um die Annäherung rangniedriger Böcke schon von weitem zu verhindern.

nanderzuhalten in welcher Situation «Knuffen» und wo «Pfeifen» zu erwarten ist, fällt beim heutigen Wissensstand schwer. Krämer erwähnt zu Markierungszwecken frisch gefangene Gämsen, die in der Falle auf Annäherung oft knufften. Im Übrigen kommen auch Niesen und Husten vor und werden manchmal als Abschusskriterium (wegen Verdacht auf Lungenentzündung) herangezogen.

Weniger bekannt ist der Schmerzschrei, der gelegentlich bei eingesteckten Hornstössen, bei einer Geburt, bei einem verfolgten Bock in der Brunft (Krämer) oder bei Geissen nach dem tödlichen Schuss des Jägers (Couturier) auftritt. Ob dann tatsächlich alles als ein und derselbe Laut gelten darf, ist heute nicht zu bestimmen.

Rechts: **Wenn Gämsen ihr Maul mit hochgezogener Oberlippe mehrere Sekunden lang öffnen und dabei den Kopf herumschwenken, so «flehmen» sie. Flehmen erfolgt lautlos. Dieses Verhalten ist in der Paarungszeit häufig, oder wenn eine Gämse sich ihren höheren Rang bestätigen lassen will.**
Bei flehmenden Gämsen erkennt man, dass vorne im Oberkiefer, wie bei allen Wiederkäuern, keine Zähne vorhanden sind!

Nicht völlig auf die Paarungszeit und Böcke beschränkt bleiben Hetzjagden, so wie hier zwischen zwei Jährlingen. Daran beteiligte Gämsen vertragen sich schlecht. Wenn die Rolle des verfolgenden Tieres wechselt, steht noch nicht fest, wer stärker ist. Verfolgungen über lange Strecken sind allerdings selten. Solche Auseinandersetzungen stressen alle Beteiligten und begrenzen wohl etwas die Bildung ganz grosser Rudel oder führen sogar zu Abwanderungen.

Die Rangordnung

Ein hoher Rang sollte Vorteile bei der Fortpflanzung, der Ernährung oder dem Besitz eines besonders guten Wohngebietes bringen. Er muss aber verteidigt werden und hat damit auch seine «Kosten». Gämsen kennen einander persönlich. So lassen sich mehrfache Auseinandersetzungen vermeiden oder zumindest abschwächen. Konkurrenz für Gämsen kann auch von anderen Tierarten ausgehen.

Man mag lange die ständigen Auseinandersetzungen zwischen verschiedenen Gämsen übersehen. Früher oder später sollte uns jedoch auffallen, wie rau Gämsen miteinander umgehen können. Die beste Beobachtungsmöglichkeit bieten Salzlecken – sobald die Tiere den ersten Hunger des Tages gestillt haben. Eigentlich sieht man in jedem Rudel, wie die Gämsen etwas Abstand zueinander halten und wie einzelne Individuen vor anderen ausweichen – ausgenommen Geiss und Kitz oder Kitze untereinander. Viele Biologen bezeichnen Gämsen deswegen gerne als «Distanztiere», vernachlässigen allerdings, dass auch andere wildlebende Wiederkäuer nicht als «Kontakttiere» gelten können.

Die soziale Stellung einer Gämse hängt nur teilweise von ihrem Alter ab. Böcke sind mit etwa zwei Jahren (mindestens in der Paarungszeit) den Geissen überlegen, üben aber ihre Überlegenheit äusserst zurückhaltend aus. Umgekehrt spielen viele Geissen ihre Dominanz über Bockjährlinge gerne aus. Ansonsten sind es praktisch ausschliesslich Geissen oder Böcke unter sich, welche ihre Position gegenüber Geschlechtsgenossen «imponierend» geltend machen: Sie recken Rückenhaare und Hals hoch und richten die Ohrmuscheln nach vorne. In besonders starker Ausprägung kommt gelegentlich ein etwas unterdrückter, abgewürgter Meckerlaut hinzu. Die damit anvisierte unterlegene Gämse springt mit tief vorgestrecktem Hals, angehobenem Schwanz und ebenfalls nach vorne ausgerichteten Ohren auf das imponierende Tier zu, bleibt höchstens kurz so stehen und geht wieder weg. Unkundigen ent-

Oben links: **Mit tief vorgestrecktem Hals zeigt der Jährling rechts der imponierenden älteren Geiss seine Unterlegenheit. Imponierende Gämsen wollen sich ihren höheren Rang bestätigen lassen: mit aufgestellten Rückenhaaren, hoch erhobenem Kopf und nach vorne gerichteten Ohrmuscheln. Junge Gämsen fühlen sich den älteren unterlegen. Aber ab ungefähr 3–4 Jahren entscheiden Temperament, Persönlichkeit und u.U. sogar die Situation über den Rang.**

Oben rechts: **Gämsen ab 2 Jahren umgehen die Unterlegenheits-Bezeugung mit tief vorgestrecktem Hals durch Ausweichen. Hier ignoriert die Geiss rechts vorerst die imponierende Geiss, wechselt aber kurze Zeit später den Ort. Sie gesteht damit der anderen Gämse den höheren Rang zu.**

Rechts: **Böcke blicken beim Imponieren (mit aufgestellten Rückenhaaren) vom anderen Bock weg, schielen aber sicherlich doch hin: am oberen Augenrand ist bei verdrehtem Augapfel ihr Augenweiss sichtbar. Der zweijährige Bock links ausserhalb des Bildes weiss, dass das Imponiergehabe ihm gilt, lässt sich jedoch nichts anmerken und entfernt sich. Er anerkennt so den imponierenden Bock als den Stärkern. Gämsen richten v. a. den Schwanz auch beim Wahrnehmen einer Gefahr auf. Beim Imponieren aber bleibt er wenigstens ausserhalb der Paarungszeit meist an den Körper angepresst und der Kopf wird stark angehoben. Die Rückenhaare der Geissen sind eher etwas kürzer und lückenhafter als jene der Böcke.**

Unten: **Mit tief vorgestrecktem Hals, nach vorne gerichteten Ohrmuscheln und hochgeklapptem Schwanz erweist ein Bockjährling (links oben) einer älteren Geiss seine Referenz, ohne dass diese imponiert. Die Geiss legt aber ihre Ohren zurück und wendet sich direkt dem Jährling zu, sie droht gegen ihn. Drohen ist eine Steigerung des Imponierens, mit Bereitschaft zum Angriff.**

geht dieser häufige Vorgang gerne, weil alles sehr schnell oder nur ansatzweise abläuft.

Normalerweise antworten nur Jährlinge auf ältere Gämsen deutlich wahrnehmbar in dieser Weise. Gämsen ab zwei Jahren machen die Unterlegenheitsbezeugung mit vorgestrecktem Hals nur noch flüchtig oder weichen überhaupt vorher aus. Manchmal reagiert die andere Gämse, indem sie ihrerseits auf die beschriebene Weise zu imponieren beginnt. Besonders auffallend tun das Böcke, die dabei mit knapp 10 m Zwischenraum beträchtliche Strecken gemeinsam zurücklegen können und abwechslungsweise auch noch markieren, flehmen oder am Boden schnüffeln. Solche «Bockpaare» beschränken sich nicht auf die Paarungszeit, treten aber dann besonders häufig auf. Dass es dabei zum viel zitierten Karussell kommt, wo zwei Böcke (oder zwei Geissen) in umgekehrter Richtung unmittelbar nebeneinander stehen, ist bei Gämsen eine grosse Ausnahme und ansatzweise mit Aufreitversuchen verbunden.

Nebst dem erwähnten Imponieren wird häufig im Kontakt mit unterlegenen Gämsen (speziell gegen ruhende Tiere) mit zurückgelegten Ohren und leicht gesenkten Hörnern gedroht oder einfach auf eine andere Gämse zugegangen. Wenn eine ranghohe Geiss so reihum andere Gämsen aus dem Lager droht, ohne selber die Liege zu besetzen, will sie sich ihren höheren Rang bestätigen lassen.

Oben links: **Ein jüngerer Bock (rechts) und eine etwas ältere Geiss mit Kitz imponieren beide mit aufgestellten Rückenhaaren. Die Geiss verleiht ihrem Imponiergehabe zusätzlich mit geöffnetem Maul flehmend Nachdruck. Die beiden Gämsen scheinen ähnlich stark zu sein. Auseinandersetzungen zwischen den Geschlechtern und ab diesen Altersklassen sind selten. Kitze beteiligen sich nicht an solchem Geschehen und bleiben unbehelligt.**

Oben rechts: **Ein zweijähriger Bock (rechts) wirbt in der Paarungszeit um eine Geiss. Die Geiss senkt zwar den Hals tief gegen den Bock hin und bekundet damit ihre Unterlegenheit; aber gleichzeitig legt sie die Ohren zurück wie es Gämsen beim Drohen tun und sie harnt auch nicht: Im sozialen Kontakt ausweichende und harnende Geissen haben den tieferen Rang. Wahrscheinlich fühlt sich die Geiss dem jungen Bock nicht eindeutig unterlegen und möchte in Ruhe gelassen werden.**

Oben links: **Hier wirbt ein Bock in der Paarungszeit mit einem Trick um eine Jährlingsgeiss: er spielt ihr mit tief vorgestrecktem Hals und nach vorne gerichteten Ohrmuscheln Unterlegenheit vor. Auf diese Weise konnte er zwar die Ängstlichkeit der Geiss überwinden, erwirkte aber gleichwohl nicht die Paarungsmöglichkeit.**

Oben rechts: **Wo zwei Böcke mit aufgestellten Rückenhaaren (imponierend) nebeneinander stehen, geht es um die Bestimmung des Stärkeren. Während der Paarungszeit sind solche Szenen zwischen ranghohen Böcken öfters zu sehen und beanspruchen viel Zeit. Geissen jedoch beschäftigen sich verhältnismässig kurz in ähnlicher Weise miteinander und kaum in der Paarungszeit. Die Geissen kennen sich, Böcke verlieren sich im Sommer aus den Augen. Die unterschiedlich langen Rückenhaare der beiden Böcke sagen nur etwas über das Alter aus, nichts über den Rang. Sogar die Hornlänge hat bei der Alpen-Gämse ab einem Alter von 3–4 Jahren keinen Einfluss auf den Rang. Dies ist für Geissen bewiesen worden.**

Wissenschaftlich konnten bisher keine Gämsen mit Führungsfunktionen innerhalb eines Rudels nachgewiesen werden. Auf der Flucht ändert die Position des Spitzentieres öfters. Die vorderen Stellen in einem flüchtenden Rudel werden wahrscheinlich gar nicht von den ranghöchsten Gämsen besetzt, sondern von den besonders ängstlichen kitzführenden Geissen. Nichtführende Geissen und Böcke scheinen diese durchaus nicht ungefährlichen Plätze eher zu meiden. Darüber hinaus wechselt die Zusammensetzung grösserer Rudel ständig – schon im Verlaufe eines einzelnen Tages. Viele Jäger orten trotzdem immer wieder Leittiere, manche Biologen verneinen sie im Biologieteil ihrer Bücher, lassen sie aber im Jagdteil kommentarlos wieder erstehen.

Es sieht insgesamt auf den ersten Blick nicht nach festgelegter, eingespielter Rangordnung aus. Tatsächlich ist der Rang bei Gämsen nicht von absoluter Dauer. Aber es gibt ihn: Martin Baumann (1993) fand bei seinen 28 Gämsgeissen eine lineare Rangordnung. Wenn A über B dominiert und B über C, so dominiert A in der Regel auch über C. Nach Krämer sind an Salzlecken knapp 30% der Böcke ab zwei Jahren Geissen unterlegen, während in der Brunft alle diese Böcke den Geissen überlegen sein dürften. In der Brunft suchen Böcke den Paarungserfolg. An Salzleckstellen beeinflussen das unterschiedlich grosse Salzdefizit und Differenzen in der Ortsgewöhnung die Rangordnung.

Salz spielt eine wichtige Rolle für einen ausgeglichenen Nährstoffhaushalt, kommt aber natürlicherweise fast nirgends vor. Für Salz laufen Gämsen vom Frühling bis in den Herbst u.U. kilometerweit. Sie werden am ehesten bei Sennhütten fündig, wo das Vieh einen Teil vom gestreuten Salz übrig lässt. Allerdings kommen sich dabei die Gämsen regelmässig in die Quere, indem jeweils nur ein paar wenige Tiere Platz finden. Die Vergabe der Plätze erfolgt nach einer Rangordnung, der viel Provisorisches anhaftet. Zudem kann alles überlagert werden vom individuellen Salzbedarf und der Angewöhnung an den Ort. Salz macht durstig. Gämsen bekommen aber mit der Nahrung genügend Wasser und werden deshalb höchstens beim Aufnehmen von etwas Schnee beobachtet. Im Übrigen treten Salze an natürlichen Leckstellen oft in Wasser gelöst auf.

Säugende Geissen haben wahrscheinlich den doppelten Salzbedarf von kitzlosen Geissen oder den sechsfachen im Vergleich zu Böcken. Salzbedarf und Vorsicht oder die Motivation bestimmen u.U. mit, wie sich eine Gämse verhält. Es gilt die Umstände zu berücksichtigen, unter welchen eine Rangordnung ermittelt wird. Noch nie erhoben wurden bisher Rangordnungsverhältnisse auf der Flucht, in der Paarungszeit oder bei Böcken. Das Rangordnungssystem der Böcke muss nicht zwingend mit demjenigen der Geissen übereinstimmen, auch wenn die Hinweise für Ähnlichkeit immer zahlreicher werden.

Obschon noch vieles unklar ist, darf man annehmen, dass die Rangordnung bei der Alpen-Gämse auf persönlichem Erkennen an individuellen Merkmalen im Kopfbereich beruht (vgl. Kendrick beim Hausschaf). Martin Baumann (1993) konnte Hornlänge, Alter und Kondition als Rangkriterien für Weibchen ab 4 Jahren ausschliessen. Solche Merkmale kämen für eine anonyme Rangordnung ohne persönliches Kennen in Frage. Auch bei Böcken bestimmt die Hornlänge nicht den Rang: Meile und Bubenik beobachteten einen älteren Bock, der trotz kurzen Hornstummeln einen hohen Rang besass. Für den Rang bedeutungslos, könnten Hörner gleichwohl als Teilmerkmal beim persönlichen Erkennen eine Rolle spielen. Persönliches Erkennen mit den Augen stellt hohe Anforderungen. Um dies zu verdeutlichen, vergleicht man am besten mit uns Menschen: wenn wir jemanden regelmässig sehen, gehts

Oben links: **Jüngere Gämsen, wie der Geissjährling hier, kommen manchmal überhaupt nicht ans salzige Dessert, wenn die verfügbaren Plätze von älteren Gämsen besetzt sind. Sogar Gruppentiere stehen zueinander gleichzeitig in Konkurrenz, wenn es um etwas so Beliebtes aber Seltenes wie Salz geht. Selbst die schleckenden Tiere untereinander machen sich manchmal noch die Plätze streitig. Im Gegensatz zu Jährlingen profitieren Kitze vom Rang ihrer Mütter und können unbehelligt mitschlecken. Sie werden aber häufig gar nicht mitgenommen, sondern in der Obhut anderer Gämsen belassen, wenn sie noch klein sind und das Salz weit entfernt liegt.**

Oben rechts: **Beim stressigen Warten an einer besetzten Salzlecke fiel die Stimmung dieses Jährlingsbockes offensichtlich auf den Nullpunkt: mit gesenkten Hörnern und zurückgeklappten Ohren beginnt er, seinen eigenen Schatten im Kopfbereich zu bedrohen. Auf die gleiche Art wie ranghohe Gämsen gegen rangtiefe drohen.**

Oben links: **Alpen-Gämsen erkennen sich am Kopf und am Geruch persönlich. Ob es die auffällige Kopf- und Halszeichnung ist, die persönliches Erkennen ermöglicht, steht noch nicht fest. Hörner sind zwar für den Rang bedeutungslos, aber als Teilmerkmal zum persönlichen Erkennen werden sie möglicherweise miteinbezogen. Das Gesicht der Gämsen verändert sich durch den jährlich zweimaligen Fellwechsel und den normalen Alterungsprozess laufend, während der Individualgeruch fixiert bleiben dürfte. Bei alten Gämsen verschwimmen die Farbkontraste hell/dunkel und der Kopf wirkt langgezogen mager. Die Wiedererkennung an der Gesichtszeichnung setzt regelmässige Kontakte der Gämsen miteinander voraus.**

Oben Mitte: **Gämsmütter erkennen ihre kleinen Kitze nicht am Gesicht. Sie verlassen sich zum persönlichen Erkennen des Kitzes auf dessen Geruch am Hinterteil. Auch junge Kitze scheinen ihre Mütter ausschliesslich geruchlich zu erkennen. Persönliches Erkennen am Kopf ist offensichtlich erst ab einem späteren Zeitpunkt möglich.**

Im Lebensraum der Gämse kommen weitere Säuger mit einer vergleichbaren Gesichtsmaske vor. Darunter der abgebildete Dachs oder auch der Gartenschläfer. In Afrika fallen besonders einige Oryx-Antilopen mit ähnlicher Kopfzeichnung auf. Gesicherte Erkenntnisse über die Bedeutung dieser Gesichtsmasken fehlen. Zumindest beim Dachs sind auch Abschreckfunktionen auf Artgenossen denkbar, Dachse sind Einzelgänger.

Steinwild bevorzugt felsigeren Lebensraum und lässt sich im Weidegebiet weniger von Menschen stören als Gämsen. In der Rangordnung zwischen den beiden Arten steht die Gämse tiefer als der Steinbock. Es erstaunt deshalb nicht, dass die Steingeiss den Kontakt eines Gämskitzes mit ihrem Kitz nicht zuliess und die kleine Gämse mit ihren Hörnern bedrohte. Vorher jedoch wenden die beiden Mütter ihre Blicke dem Kitz der jeweils fremden Art zu!

Gegenüber Rehen vermögen sich Gämsen problemlos zu behaupten. Diese beiden Tierarten begegnen sich v.a. im Winterlebensraum und weniger im Sommer. Wenn aber Gämsböcke ein Sommerterritorium in einem eher tief gelegenen Bachgraben beziehen, bleibt das Reh ganzjähriger Begleiter.

Die Gämse teilt ihren Lebensraum mancherorts mit dem Rothirsch. Sie ist diesem körperlich weit unterlegen, hält sich also auf Distanz. Man könnte von einer «biologischen» Rangordnung zwischen den Arten sprechen. Somit bestimmen nicht nur Raubtiere, wo und wann Gämsen ihren Lebensraun nutzen, sondern auch Nahrungskonkurrenten – jedenfalls wenn deren Zahl so bedeutend ist wie beim Hirsch im Schweizerischen Nationalpark während des Sommers.

problemlos. Aber selbst wir Menschen vermögen nicht alle Gesichter bleibend in Erinnerung zu behalten, denen wir im Laufe unseres Lebens begegnen. Zudem verändern sich Gesichter mit zunehmendem Alter stetig. Das gilt für Gämsgesichter mit zwei Fellwechseln pro Jahr noch viel stärker. Wenn sich zwei Gämsen nicht mehr wiedererkennen, beginnt die Rangausmarchung von vorne. Der Rang kann in seltenen Fällen ändern. An sich würde man bei persönlichem Kennen eine weniger lineare, dafür langfristig stabile Rangordnung erwarten. Doch zeigt dieser Widerspruch vielleicht, dass ein wichtiger Aspekt beim persönlichen Kennen bisher der Aufmerksamkeit entgangen ist.
In der Paarungszeit gewinnt man den Eindruck, dass sich die Gämsböcke ebenfalls persönlich kennen – unter Umständen sogar akustisch am Blädern (Meckern). Manchmal nehmen Geissen, die den Rudelanschluss verloren haben, ihre Stimme zu Hilfe – sie meckern. Der eindeutige Nachweis, dass sich Gämsen auch an der Stimme erkennen, fehlt: wo sich nur ein einzelnes Kitz und eine einzelne Geiss verloren haben, suchen sich nämlich nur zwei. Ein Fehler beim Wiederfinden ist dann gar nicht möglich. Zudem kann auf der Suche nach Anschluss auch der individuelle Geruch der Spur des gesuchten Tieres weiterhelfen.
Vielleicht wurde bisher überhaupt der geruchliche Aspekt des persönlichen Kennens zu stark vernachlässigt. Wenigstens teilweise funktioniert die individuelle Erkennung mit der Nase. Gämsmütter erkennen ihre jungen Kitze am Geruch. Das lässt sich durch Beobachtungen in Kitzrudeln feststellen: wenn eine Geiss der Reihe nach verschiedene Kitze beschnuppert und das zuletzt kontrollierte saugen lässt. Oder wenn kleine Kitze im Rudel ihre Mutter suchen: immer bei Gegenwind nähern sie sich ausgesprochen vorsichtig und mit vorgestrecktem Hals verschiedenen Geissen, bevor sie zum Saugen zugelassen werden. Das lässt für dieses Alter auf geruchliche Erkennung des Muttertieres schliessen. Geissen dulden in ihrer Nähe keine fremden Kitze. Sie wehren solche mit den Hörnern ab. Es kann in Extremfällen sogar vorkommen, dass ein Kitz damit weggeschleudert wird. Derart zur Vorsicht gezwungen lernen Kitze rasch, ihre Mutter und fremde Geissen zu unterscheiden. Nach und nach achten sie auch beim Flüchten darauf, der eigenen Mutter nachzuspringen. Fällt auf der Flucht ein Rudel auseinander, brauchen sich nachher Mutter und Kind nicht zu suchen. Beim neugeborenen Kitz ist der Nachfolgetrieb sehr ausgeprägt, aber noch nicht auf die Mutter festgelegt. Bei fremden Geissen darf ein Kitz nicht saugen. Es sind bisher praktisch keine verbürgten Fälle bekannt geworden, wo ein Kitz bei zwei Geissen saugen konnte (einer von Krämer aus dem Tatra Nationalpark). Ein Kitz, dessen Mutter auf der Jagd versehentlich geschossen wurde, schliesst sich danach einem andern Kitz und nicht dessen Mutter an oder nach Hamr auch einem Bock (unabhängig vom eigenen Geschlecht).

Die kleinen Gämsen hängen völlig von der Milch ihrer eigenen Mutter ab. Gämsmilch ist aussergewöhnlich eiweissreich, was ein besonders rasches Wachstum des Kitzes ermöglicht. Die Umstellung von Milch auf Pflanzenkost vollzieht sich im Wesentlichen erst mit 6–8 Wochen, wenn die Kauzähne brauchbar werden. Der Nachwuchs ist normalerweise bis im November entwöhnt.

Das Kitzjahr

Im Berglebensraum sind Kitze «Einzelkinder» – Tragzeit und Säugezeit fordern so schon den Muttertieren genug ab. Das Junge begleitet die Mutter von Geburt an beinahe ein Jahr lang. Nach dem schwierigen Kitzjahr erleben durchschnittlich nur knapp die Hälfte der Jungtiere das Jährlingsalter.

Die weitaus meisten Gämsen kommen im Mai zur Welt. Die frühesten Kitzfeststellungen fallen ausnahmsweise schon auf die letzten Apriltage, regelmässig aber erst etwa auf den 6. Mai. Im Tierpark Bern kam das erste Kitz an einem 25. April zur Welt. Das späteste Geburtsdatum aus eigener Beobachtung und neuerer Zeit ist der 13. Juni 2001. Boschi überwachte im Schweizerischen Nationalpark mindestens ein nach dem 15. und ein nach dem 30. Juni 1997 gesetztes Kitz. Meile und Bubenik registrierten 1971 im Nordtirol mehr als die Hälfte der Geburten nach dem 20. Juni; etliche sogar noch

Der Mai ist der Geburtsmonat fast aller Gämskitze. Im Mai blüht auf fetten Alpwiesen der Löwenzahn und gleichzeitig kann erneut der Winter zurückkommen, der in dieser Höhenlage ohnehin erst langsam seinen Rückzug antritt. Gleichwohl dürfen wir davon ausgehen, dass sich etwas so Wichtiges wie der Geburtstermin im Zusammenwirken mit Klima und Wetter optimal eingespielt hat. Auf dem Winterbild müssen die Gämsen an einem 3. Mai das Gras unter 20 cm Neuschnee hervorscharren.

Ende Juli (die vermuteten Ursachen werden im Kapitel Brunft beschrieben). Hauri berichtet von einer im Kiental 1951 trächtig eingefangenen Geiss, die nach der Freilassung im Lindental bei Bern zwei Kitze hatte. Aus Berglebensräumen machte nur Schröder weitere Zwillinge bekannt. Dagegen können in dünn besiedelten Tieflagen Zwillingsgeburten wenigstens eine Zeit lang und gehäuft auftreten. Das durchschnittliche Geburtsgewicht von 27 lebensfähigen Kitzen beträgt im Tierpark Bern 2,9 kg (1,7 bis 3,5 kg). Das Geschlechterverhältnis zum Zeitpunkt der Geburt zeigte keine Weibchenüberzahl.

Die Gämsgeiss bringt ihr Kitz normalerweise nicht mitten in einem Rudel zur Welt, obwohl Vaucher eine Ausnahme beschreibt. Sie setzt sich in der Mehrzahl der Fälle aber auch nicht weit davon ab. Beliebt sind beispielsweise Geburten abends oder morgens in der Waldrandzone, während sich die anderen Gämsen ausserhalb des Waldes der Nahrungsaufnahme widmen. Heute ist in einigen Luchsgebieten die Verlagerung der Gämsgeburten über die Waldgrenze festzustellen, wo Absenkungen in Steilhängen dazu dienen. Trächtige Geissen sind (wenn überhaupt) erst ungefähr 14 Tage vor dem Geburtstermin erkennbar an durchhängendem oder im Flankenbereich rechts gewölbtem Bauch.
Nach einer Tragzeit von 170–180 Tagen (und vielleicht mehr in dicht besiedelten Gebieten) dauert die ganze Geburt mit nur ein paar Minuten verhältnismässig kurz. Bereits nach etwa einer halben Stunde vermag das Kitz seiner Mutter wackelig und etwas steifbeinig nachzuhüpfen. Die Kitze ducken sich danach nicht mehr vor Feinden, sondern flüchten mit der Mutter. Sie werden von der Mutter auch nie ganz allein zurückgelassen, solange sie gesund sind. Geiss und Kitz schliessen sich meist rasch nach der Geburt anderen Geissen mit Kitz an. Couturier beschreibt 1938 für schwieriges Gelände den Transport von Gämskitzen nach Katzenart im Maul des Muttertieres. Es ist unklar, ob Couturier diese Beobachtungen selber machte oder getäuscht wurde. Zu dieser Zeit war das gesicherte Wissen über die Lebensweise unserer Wildtiere dürftig. Tatsachen waren oft fast nicht von Einbildungen zu trennen. Vor Menschen fliehende Geissen lassen ihr neugeborenes Kitz notfalls zurück, wenn es nicht zu folgen vermag, tragen es also nicht weg.

Oben links: **Dieses Kitz kam am 11. Mai 1977 im Schutze eines Wurzeltellers und des Waldes auf knapp 1700 m ü. M. zur Welt. Der Geburtstermin ist ein entscheidender ökologischer Faktor (und manchmal eine «Gratwanderung»): liegt er zu früh, bergen die letzten Schneefälle die Gefahr einer Erkrankung des Kitzes; liegt er zu spät, geht das kleine Kitz mit erhöhtem Sterberisiko in den Winter. Für Kitze ist besonders nasskaltes Wetter heikel. Für ein Muttertier bedeutet eine (aussergewöhnliche) Aprilgeburt, dass es die Milchproduktion nicht aus Nahrung in genügender Qualität sicherstellen kann und selber den Tod riskiert. Totgeburten ereignen sich v.a. bei Erstlingsgeissen und vermutlich auch in dichten Gämsbeständen.**

Oben rechts: **Die wesentlichsten Bedürfnisse der Kitze bestehen in den ersten 6–8 Lebenswochen aus Ruhen, Milch-Saugen und Spielen. Ihre Mütter ziehen sich mit ihnen meistens in steile, felsnahe Gebiete zurück. Dort ist die Sicherheit für die Kleinen hoch, aber das Nahrungsangebot für die Geissen nicht immer optimal. Auch der Kompromiss zwischen Sicherheit und guter Ernährung entspricht somit gewissermassen einer Gratwanderung.**

Rechte Seite unten: **Die meisten Kitze kommen in den Sommerlebensräumen zur Welt. Während andere Gämsen bei Frühlingsschneefällen in die Talsohlen absteigen, weichen Geissen mit kleinen Kitzen nur ungern stark gegen unten aus. Schneefälle Ende Mai treffen deshalb die Mütter in den Kitzrudeln besonders hart. In hochwinterlicher Umgebung auf 1900 m ist an einem 6. Juni eine Geiss mit Kitz, Vorjahreskitz und einer weiteren Geiss auf der Suche nach Nahrung. Wahrscheinlich haben sie sich zu weit an einen Wanderweg vorgewagt und sind jetzt auf dem Rückzug in steilere, aber weniger grüne Rasen.**

Rechts: **Kurz nach Mitte Mai fehlen diesem Kitz im Moment noch die Spielkameraden. Sein Interesse an der Mutter ist aber trotzdem nur von kurzer Dauer. Mit sich selber beschäftigt, springt es neben ihr herum, macht Luftsprünge, dreht sich dabei, schlenkert den Hals hin und her und lässt sich auf den Boden purzeln. Jedenfalls gibt es kaum etwas Lebhafteres und Schöneres als ein neugeborenes Gämskitz.**

Unten: **Liegen im Körperkontakt lässt sich nur zwischen Geiss und Kitz oder ausnahmsweise dem Vorjahreskitz beobachten. Im Winter schmiegen sich die Kitze eher enger an die Mutter, obwohl dann die Säugezeit bereits abgeschlossen ist. Die mittlere Geiss hat schon am 15. Juni fast das ganze Winterhaar gewechselt. Das Winterfell beginnt gegen Ende Mai struppig zu werden und bleicht zuerst gegen Braun, dann nach Gelb aus. Aber in höheren Lagen macht es erst im Juli zögerlich dem hell gelblich- bis hell rötlichbraunen Sommerfell Platz – vermutlich, weil dafür ebenfalls Energie bereitgestellt werden muss. Die Beine und das Haar über der Wirbelsäule (Aalstrich) heben sich im Sommer dunkel vom übrigen Farbton ab. Die Kitze kommen mit einem Sommerfell zur Welt, das grauer wirkt, aber im Laufe des Sommers an Leuchtkraft zulegt.**

Gämsgeissen mit kleinen Kitzen sind vorsichtiger als Gämsen ohne Kitz. Im waldfreien Lebensraum heisst vorsichtiger zum Beispiel, sich am Fusse von Felsen oder in felsigen Steilhängen mit weiteren Rückzugsmöglichkeiten aufzuhalten. Somit kommen die beliebtesten Weideplätze nach der Geburt weniger in Frage. Möglich also, dass sich zeitweise aus diesem Grund Rudel mit und Rudel ohne Kitze bilden.
Sobald das Kitz einigermassen stehen kann, sucht es mit dem Kopf im Bauchbereich von Vorder- oder Hinterbeinen der Mutter nach der Milchquelle. Es muss zuerst lernen, wo genau sich die Euterzitzen befinden. Auch die bequemste Position zum Saugen gilt es sich sozusagen zu erarbeiten. Die Milch ist dickflüssig (wenig Wasser enthaltend), extrem fetthaltig (25%?), sehr eiweissreich (8%) und arm an Milchzucker (1,7%). Für Hausschafe lauten die Vergleichszahlen 7,5%, 5,5% und 4,5%. Hohe Eiweisswerte sind typisch für Arten mit schnellem Körperwachstum. Im ersten Lebensmonat saugen Kitze durchschnittlich alle Stunden einmal eine Minute lang. Die Säugedauer fällt später rasch auf konstante rund 30 Sekunden. In den darauf folgenden Lebensmonaten ist eine Milchmahlzeit nur noch alle 80, 90, 140 oder 160 Minuten zu haben (vgl. Ruckstuhl). Die Milchmenge sinkt dadurch auf vermutlich 60%, 40%, 30% und 20% des ersten Monatswertes. Ältere Geissen lassen am Anfang öfters und länger saugen. Sie haben aber nicht zwingend mehr Milch, sondern vielleicht mehr Mühe, bis der Milchfluss richtig in Gang kommt. Kitze zupfen zwar schon in den ersten Lebenstagen gelegentlich an Pflanzen. Die wirkliche Umstellung von Milch auf feste Nahrung erfolgt aber erst Mitte Juli, im Alter von 6–8 Wochen, wenn die Kauzähne des Milchgebisses brauchbar

werden. Die Kitze wiegen mittlerweile gegen 9 kg; aufgebaut weitgehend aus der Muttermilch. Am besten lässt sich die Umstellung auf Pflanzenkost an der stark abnehmenden Spielfreudigkeit ablesen. Die Kitze ermüden zwar jetzt nicht mehr so schnell, dafür benötigen Nahrungsaufnahme und Wiederkäuen viel Zeit. Im November können nur noch ganz wenige Kitze saugen. Das späteste bisher selber notierte Datum von erfolgreichem Saugen ist der 19. November. Es gibt daneben nur eine publizierte spätere Beobachtung vom 7. Dezember auf 1300 m ü. M. am Alpenrand (Vaucher).
Insgesamt haben nach und nach ungefähr 85% aller Geissen ab zwei bis drei, spätestens vier Jahren ein Kitz (Durchschnittswert bezogen auf alle Geissen ab 3 Jahren). Im unbejagten Schweizerischen Nationalpark fällt aber beispielsweise im dicht mit Gämsen besiedelten Val dal Botsch bereits im Sommer eine geringe Kitzrate von nur rund 50% auf (vgl. Boschi). In Jagdgebieten dagegen gebären schon 25% der zweijährigen Geissen ihr erstes Kitz und in tieferen Lagen sogar 60–100% (Geiser, Houssin). Allerdings dürften speziell in Berglebensräumen einige dieser Erstlingskitze eingehen; so wie in Zoos (vgl. Speck, Zuber). Darüber hinaus haben erstgebärende Geissen nach Loison (1994) kleinere Winterüberlebenschancen. In diesem Buch wurde die Fortpflanzung der Gämse in Berglagen als Gratwanderung bezeichnet. Für die Situation von Erstlingsgeissen gilt dies erst recht. Andererseits fallen besonders junge Muttertiere üblicherweise durch eine verhältnismässig gute Kör-

Oben links: **Die Vegetation in Fichtenwäldern über 1500 m ist Mitte Mai äusserst karg. Steiler, felsdurchsetzter Wald bietet deshalb nur Schutz. Die Nahrungsaufnahme hingegen muss zu dieser Zeit in der Übergangszone zwischen Wald und Alpweide möglich sein. Dieser Lebensraum wird heute auch vom Luchs durchstreift. In einigen Gebieten entziehen sich die Gämsen dem Luchs durch den Rückzug über die Waldgrenze. Sie müssen dort im Mai aber mit einem schlechteren Nahrungsangebot rechnen.**

Oben rechts: **Gämsen gelten nicht ganz zu Recht als Distanztiere: Körperkontakte beschränken sich nämlich auch bei anderen Huftieren hauptsächlich auf die Jungtiere im Spielalter und ihr jeweiliges Muttertier. Hingegen weichen sich erwachsene Gämsen vielleicht stärker aus oder sind ausgeprägter auf die Rangordnung bedacht als bei anderen Arten. Kitze werden nur selten beleckt wie hier.**

Rechte Seite: **Rehmütter lassen ihre Kitze allein in hoher Vegetation zurück und suchen sie nur zum Säugen auf. Gämskitze dagegen folgen der Mutter eine halbe Stunde nach der Geburt überallhin. Allerdings «entledigen» sich zur Nahrungsaufnahme auch Gämsgeissen gerne ihrer kleinen Kitze, indem sie diese in der Obhut des Rudels zurücklassen. Bei der Rückkehr findet die Geiss ihr Kitz dank dessen Individualgeruch aus der Kitzgruppe heraus.**

Oben links: **Während dem Saugen wedeln Kitze zeitweise mit ihrem Schwänzchen. Dabei verbreiten sie aus den Schwanz- und den Afterdrüsen ihren Individualgeruch. Die Säugeposition von schräg vorne ist die häufigste. Am Ende der Milchmahlzeit stupst das Kitz gerne noch drei bis vier Mal an jeder Zitze gegen das Euter.**

Oben rechts: **Wenn die Mutter die Milch versiegen fühlt, beendet sie das Saugen, indem sie ihr Kitz überschreitet.**

Links: **Eine Gämsgeiss lässt nur ihr eigenes Kitz ans Euter. Wenn es saugen will, prüft sie vorher mit der Nase, ob es wirklich das ihrige ist. Während dem Saugen beschnüffelt sie es kurz unter dem Schwänzchen und schleckt bei kleinen Kitzen Kotreste ab.**

Rechts: **Im Oktober kann das Kitz längstens nicht mehr stehend saugen. Meistens muss es dazu schon im Juli oder noch früher regelmässig «knien».**

Oben: **Im November gehen die meisten Kitze bei ihren Säugeversuchen leer aus. Säugeversuche von hinten bei einer davonlaufenden Mutter sind von Vornherein zum Scheitern verurteilt.**

perentwicklung auf. Martin Baumann (1993) fand wider Erwarten, dass ranghohe Geissen weniger Kitze hochbringen als rangniedrige. Das erstaunt von der Theorie her, ist aber vielleicht mit der Gämsdichte eines Gebietes erklärbar: der Aufwand zur Behauptung eines hohen Ranges könnte in dicht mit Gämsen besiedelten Gebieten derart anstrengend sein, dass z.B. die Milchproduktion darunter leidet und das Kitz eingeht. Für eine abschliessende Beurteilung fehlen Vergleichsmöglichkeiten. Immerhin fallen aber kitzlose Geissen im Sommer durch besonders häufiges Imponieren auf, was damit in Übereinstimmung stehen würde. Steinadlermännchen unterlassen manchmal wegen Revierverteidigung die Brutablösung. Unterbricht das Weibchen die Bebrütung trotzdem, kann der Embryo im Ei absterben (Jenny). Die Beeinflussung des Bruterfolges v.a. durch die Anzahl unverpaarter Adler wird hier als Beispiel einer Dichteregulation erwähnt. Dichteregulation bei einem Rudeltier muss nicht ähnlich ablaufen wie bei paarweise lebenden Adlern. Jedoch richten sich auch bei Gämsen Aggressionen hauptsächlich gegen junge Tiere ab dem ersten Lebensjahr.
Im April/Mai lösen sich die Kitze des Vorjahres (die Jährlinge) von sich aus von ihren Müttern. Für eine aktive Vertreibung durch das Muttertier liegen keine eigene Hinweise vor. Die Jährlinge schliessen sich mit den Gleichaltrigen zusammen, die sie aus den Spielgruppen der Kitze bestens kennen. Es ist zu vermuten, dass Jährlinge im Frühjahr einen grösseren Nahrungsbedarf haben als ihre Mütter und sich die Ablösung daraus ergibt. Später bleiben die Jährlinge zusammen mit kitzlosen Geissen gerne weiterhin auf den guten Weideplätzen. Die Muttertiere dagegen getrauen sich mit ihren neuen Kitzen nicht weit weg von steilen Rückzugsgebieten.
In Jägerkreisen wurde oft behauptet, Jährlinge könnten nach Kitzverlust wieder bei ihrer Mutter mit Saugen beginnen. Dies hielten Fachleute für unrichtig. Ruckstuhl berichtet 1992 aber von einem solchen Fall aus dem Augstmatthorngebiet. Sie beobachtete an sechs Tagen an einer markierten, kitzlosen Geiss einen saugenden Geissjährling. Martin Baumann sah dies auch und zusätzlich in einem andern Fall einmaliges Saugen eines Jährlings. Zudem äusserten sich bereits Keller 1887 und ein Berner Wildhüter (unpubliziert) in diesem Sinne. Weil bei der Gämse Saugen bisher nie im Hochwinter beobachtet wurde, darf man annehmen, dass in Ausnahmefällen Jährlinge bei ihrer Mutter anstelle eines verstorbenen Kitzes wieder saugen können! Geissen lassen nur ihren eigenen Nachwuchs saugen. Kitze bekommen also normalerweise nicht bei verschiedenen Geissen Milch. Wenn die Mutter in den ersten Lebensmonaten stirbt, muss direkt oder indirekt auch mit dem Tod des Kitzes gerechnet werden.

Im April/Mai gehen die Kitze des Vorjahres in (Jährlings-)Gruppen ihre eigenen Wege. Nur in Tieflagen vermögen sie im Kitzwinter weiterzuwachsen. Meistens verlieren sie in dieser Zeit viel Gewicht und haben danach einen grossen Wachstumsschub vor sich. Für sie ist jetzt eine gute Nahrungsqualität besonders wichtig. Erst einen Monat später verteilen sie sich besser auf die anderen Rudel. Schon anfangs Mai haben die kleinen Jährlingshörnchen im Wuchs mächtig zugelegt.

An lebenden Gämsen ist eine Altersbestimmung nicht möglich. Nur Kitze, Jährlinge und für Kenner manchmal auch noch zweijährige Gämsen machen eine Ausnahme. Bei Gämsen ab drei Jahren darf man nur noch von einer Altersschätzung sprechen. Das Bild zeigt links einen körperlich gut entwickelten Jährlingsbock, rechts einen etwas weniger kräftigen Geissjährling im November. Die Hörner von Jährlingen erreichen im Herbst etwa Ohrenhöhe.

Ungleiche Bedürfnisse der Erwachsenen und der Kleinen führen regelmässig zur Bildung von beaufsichtigten Kitz-Spielgruppen: Während die meisten Mütter zur Aufrechterhaltung der Milchproduktion ohne ihr Kitz auf besonders fette Weiden ziehen, bleibt mindestens eine der Geissen mit den Kitzen in steilem, sicherem Gebiet zurück. Dort knabbern die neuen Erdenbürger schon in den ersten Lebenswochen selbständig kurz an Grasspitzen. Viel lieber aber spielen sie mit den anderen Kitzen. Zudem ruhen sie frühmorgens gerne 2–3 Stunden länger als ihre Mütter und erhalten nach dem ersten Aufstehen mit der Mutter nur selten schon zu Trinken.

Der Kinderhort

Im Frühsommer betreiben Gämsen Kinderhorte. Während die Kitze sich in der Obhut des Rudels im Steilhang aufhalten, sucht ein Teil der Muttertiere in der Ferne eiweissreichere Nahrung. Neben dem Kitz-Hütesystem kommen die Besonderheiten des Sommers zur Sprache.

Wenn die Mütter vom Weiden zu den Kitzen zurückkommen, müssen sie ihr Kleines zuerst aus der Gruppe heraus finden: die zweite Geiss von rechts beriecht eines der Kitze. Die Geiss unten links hat ihres schon gefunden und lässt es zwischen den Vorderbeinen hindurch saugen. Etwas ältere, oder weniger müde Kitze suchen unter den zurückkehrenden Geissen selber nach der Mutter. Die Initiative zum Saugen geht mit zunehmendem Alter nur noch vom Kitz aus.

Oben links: **Wenn am späten Vormittag die Bäuche gefüllt sind, üben letzte Sommer-Schneereste eine grosse Anziehungskraft auf Gämsen aus. Zwar wird darauf nur selten die volle Ruhezeit des Tages verbracht, aber bei Hitze sind sie den Gämsen mindestens eine kurze Rast wert und die Kitze geraten dann unvermeidbar ins Spielen.**
Mit Ausnahme einzelner Jährlinge beteiligen sich ältere Gämsen im Sommer nicht an den Spielen. Aber gegen den Frühling zu sieht man gelegentlich am Morgen ganze Gämsgruppen, die von ihrem höher gelegenen Nachtlager spielerisch den Hang hinabspringen auf eine bessere Weide: wie die Kleinen im Sommer, drehen sie sich dann um sich selbst, lassen sich aufs Hinterteil fallen und rutschen sogar kurz etwas auf dem Schnee – angeregt durch die aufgehende Sonne und das Winterende.

Oben rechts: **In den allerersten Lebenswochen springen die Kitze als mehr oder weniger geschlossene Gruppe meist zwischen zwei Stellen im Gelände hin und her. Erhöhte Punkte haben dabei eine besondere Anziehungskraft. Dazwischen vollführen alle für sich allein Luftsprünge und lassen sich fallen.**

Gute Gämsgebiete fallen im Sommer durch eine gewisse Aufteilung der Geissrudel in solche mit und in andere ohne Kitze auf: Erwachsene Geissen ohne Kitz schliessen sich zu eigenen Gruppen zusammen. Die Rudel der Jährlinge lösen sich teilweise auf. Vorab weibliche Jährlinge kehren ins Rudel ihrer Mutter zurück. Bockjährlinge schliessen sich oft einem Bockrudel oder einem einzelnen Bock an, können aber auch bis zum Herbst unter sich bleiben. Jährlinge bilden selbst innerhalb anderer Rudel gerne eigene Untergruppen. Vereinzelt werden Jährlinge (Bockjährlinge?) von Geissen im Rudel schlecht gelitten und sogar herumgehetzt – vermutlich nicht von der eigenen Mutter. Solche aggressiven Vorkommnisse sind zweifelos in dicht mit Gämsen besiedelten Gebieten häufiger. Sie bewirken die Verkleinerung der Rudel durch Abwanderung einzelner Gämsen in Randzonen oder sogar in neue oder früher verlorene Lebensraumteile – so stellt man es sich zumindest vor. Andererseits wird der Lebensraum im Sommer vom Vieh eingeengt. Als Sommereinstandsgebiete beliebt sind Berggräte mit kurzen Distanzen zwischen schattigen Nordhängen, sonnigen Südseiten und felsigen Rückzugsgebieten. Solche Geländestrukturen bieten ein saisonal gut gestaffeltes Nahrungsangebot und geeigneten Lebensraum.
Gämsen zeigen etwas Mühe mit hohen Temperaturen, obwohl sie, wie die anderen Wiederkäuer, Schweissdrüsen besitzen. Man merkt dies an häufigen, unruhig wirkenden Standortwechseln oder wenn auf der Flucht gehechelt wird. Kälte dagegen scheint ihnen nichts anzuhaben. Lästiger sind die sommerlichen Blutsauger: erwischen Bremsen oder Mücken eine mit Kopf und Hinterbeinen unerreichbare, nicht zu dicht behaarte Stelle am Gämskörper,

gelingt ihnen gelegentlich eine Blutmahlzeit. Die betroffene Gämse springt etwas herum, kommt aber nicht auf die Idee, sich am Boden zu wälzen oder sich an einem Stein zu scheuern – diese Verhaltenselemente sind der Gämse eher fremd.

Die wesentlichsten Bedürfnisse der Kitze bestehen in den ersten zwei Lebensmonaten aus Ruhen, Milch-Saugen und Spielen. Die Mütter aber müssen möglichst viel fressen, um die Belastung der Milchproduktion gut durchzustehen und für den Winter Fettreserven aufzubauen. Dazu bieten die steilen, felsnahen Aufenthaltsgebiete eigentlich gar nicht die optimale Nahrungsqualität. Dieser Lebensraum wird für die Sicherheit der Kitze aufgesucht. Pflanzen interessieren die Kitze vorerst weniger. Wenn die Geissen ruhen, ruhen auch die Kitze; häufig im Körperkontakt neben ihrer Mutter. Wenn jedoch die Mütter weiden, wirds den Kitzen bald langweilig. Sie suchen dann vor allem den Kontakt zu anderen Kitzen. So bilden sich im Rudel ausgeprägte Spielgruppen – oder Liegegruppen, weil das Ruhebedürfnis der Kitze mindestens in den ersten Lebenswochen grösser ist als jenes der Mütter. Die meisten Geissen entfernen sich zum Aufsuchen besonders guter Weideplätze regelmässig beträchtlich von ihrem Kitz. So kann es sich ergeben, dass plötzlich nur noch eine einzige Geiss bei den Kitzen zurückbleibt. Normalerweise behält die Kitzgruppe den Kontakt zur letzten Geiss. Bei den Fotoarbeiten zu diesem Buch blieben nur einmal 9 Kitze während einer halben Stunde ganz allein zurück, weil die letzte Geiss ihr eigenes Kitz in einigem Abstand säugte und danach mit ihm wegzog. Die anderen Kitze verpassten damals den Anschlusszeitpunkt. Die einzelnen Gämsmütter kehren nach ein paar Minuten oder auch erst nach über einer Stunde wieder an die Stelle zurück, wo sie ihr Kitz ver-

Ganz oben: **Im Gegensatz zu erwachsenen Gämsen kennen Kitze keine Berührungsängste. Von Beginn weg suchen sie stets die Nähe zu anderen Kitzen und liegen gelegentlich im Körperkontakt. Aber erst ab einem Alter von schätzungsweise zwei Wochen gehen Kitze zunehmend aufeinander ein: Nebst den Rennspielen mit Luftsprüngen gewinnen dann Kopfpüffe und unterschiedliche Aufreitspiele an Bedeutung. Seltener sieht man zwei Kitze die Köpfe mit etwas Abstand drohend gegeneinander richten: Kitze zeigen im gemeinsamen Spiel auch Elemente aus dem Kampfverhalten erwachsener Gämsen. Schon im Juli aber wird die Pflanzennahrung wichtiger und das Spiel seltener.**

Linke Seite unten: **In der ersten Zeit ermüden die Kleinen rasch und haben besonders viele Pausen nötig. Aber auch die Mittagshitze macht Gämsen keineswegs munter. Eine Kitzgruppe hält bei einem Schneerest gemeinsam Siesta, während die Mütter ringsherum einzeln verteilt im Schatten oder auf Blockschutt ruhen.**

Oben: **Ein Schwarm Alpendohlen hat die Kitze jäh aus der Mittagsruhe gerissen. Dass keine Gefahr droht, merken die Kleinen an der schwachen Reaktion ihrer Mütter. Gämsen bleiben tagsüber immer wachsam, sie dösen höchstens. Dies scheint weitgehend schon für wenige Wochen alte Kitze zu gelten.**

Oben links: **Die Bildung von Kitzgruppen geht von den Kitzen aus: überall, wo Geissen mit ihren jungen Kitzen in Ruhe weiden, langweilen sich diese bald. Damit steigt die Wahrscheinlichkeit, dass sich zwei Kitze zusammentun und bis zum nächsten Saugen zusammenbleiben. Nach dem Saugen erhöht sich die Nachfolgebereitschaft des Kitzes gegenüber der Mutter. Je schneller eine Geiss sich danach verschiebt oder sogar flüchtet, umso eher folgt ihr das eigene Junge nach. Wahrscheinlich steuern die Geissen damit (unbewusst?) die Auflösung der Kitzgruppen.**

Oben rechts: **In einem Grün-Erlen Nordhang findet diese Gämsgeiss mit ihrem ungewöhnlich dunkel gefärbten Kitz Ruhe, Schatten und mit den vielen Alpendostblättern auch eine beliebte Zwischenverpflegung. Nordhänge bieten im Spätsommer eine bessere Nahrungsbasis als Südhänge.**

Links: **Auch in Kitzrudeln können einzelne Geissen mit ihrem Kitz zu- oder abwandern. Mit ganz kleinen Kitzen werden gemeinsame Wanderungen zwar eher vermieden. Aber später wechseln viele Geiss- und Kitz-Pärchen im Tagesverlauf zwischen Nord- und Südseite über Gratlagen hinweg. Das Kitz darf nur bei seiner Mutter saugen. Springen die beiden auf einer Flucht mit verschiedenen Rudeln davon, ist u.U. eine lange «Durststrecke» angesagt.**

Rechte Seite: **Die regelmässige mitternächtliche Aktivität der Gämsen blieb uns Menschen lange verborgen. Erst mit Sendern versehene Tiere belegen es: 2–3 von knapp 14 Aktivitätsstunden des 24-Stunden-Tages entfallen im Sommer in die Nacht! Geissjährlinge (links) kehren im Juni meist ins Rudel ihrer Mutter zurück. Bockjährlinge schliessen sich anderen jungen Böcken an oder bleiben gelegentlich bis im Herbst in kleinen Gruppen unter sich.**

lassen haben. Es handelt sich also um eine Art Hütedienst. Die ganze Kitzgruppe kann sich in der Zwischenzeit manchmal mit den Hüterinnen verschieben. Der Kontakt zwischen Mutter und Kind erfolgt in diesem Fall auf weite Distanz meckernd. Wenn die Kitze Mitte Juli von der Milch auf Pflanzennahrung umstellen, ziehen Mutter und Kitz gemeinsam zum Weiden. Das Kitz-Hütesystem tritt dann nicht mehr für ganze Kitzgruppen in Funktion, sondern nur noch gelegentlich für einzelne Kitze. Dadurch wird es schwieriger, solche Hütedienste zu erkennen. Geissen ohne Kitz scheinen keine Hütedienste zu übernehmen und halten sich mindestens bis gegen den Herbst eher selten in den Kitzrudeln auf. Auch für ein gehütetes Kitz gilt, dass es seiner Hüterin nicht so nahe kommen darf wie deren eigenes Kitz. Sonst gibts gelegentlich Hornstösse. Gehütete Kitze schliessen sich zweifellos dem Kitz an und nicht dessen Mutter. Nebst den beschriebenen Abläufen in den grossen Frühsommerrudeln fallen Besuche von weit entfernten Leckstellen und die Brunft als Situationen auf, wo ein Kitz nicht ständig mit der Mutter zusammenbleibt (vgl. Ruckstuhl und Ingold). Das Kitz-Hütesystem zeigt zweifelsohne, wie Mütter die Gefahren und Mühen für ihren Nachwuchs minimieren und ihre eigene Nahrungsaufnahme für die Laktation optimieren. Trotzdem gibt es auch Nachteile: es führt zu grossen Verwirrungen, wenn eine Flucht erforderlich ist und müsste obendrein einladend auf Steinadler wirken. Kitze flüchten zwar

Oben links: **Gämsen stellen keine hohen Ansprüche an ihr Bett; nur etwas eben sollte es sein. Daneben genügt für das Wohlbefinden sogar eine harte Steinunterlage. Besonders gemütlich ist es offenbar mit gestreckten Beinen. Grosser Blockschutt wird im Sommer ausgesprochen gerne aufgesucht, weil es auf einem Steinhaufen kühler und übersichtlicher ist als direkt auf dem Boden. Noch kühler wäre es nur in windigen Steillagen, auf Schneefeldern oder im Schatten.**

Oben rechts: **Anfangs August zeigt die Vegetation auf den Südhängen schon deutliche Spuren von Austrocknung. Die verblühten Arnika-Köpfchen täuschen im schönen Gegenlicht über diese Tatsache hinweg. Aber vielleicht war der Bockjährling deshalb fast allein hier: Gämsen finden jetzt auf der schattigeren Nordseite meistens eine bessere Nahrungsqualität. Sie achten sehr auf frische, proteinreiche Nahrung.**

Rechte Seite: **Im Gegenlicht leuchten die Blütenköpfchen des Gämswurz-Kreuzkrautes intensiv gelb. Das Gämswurz-Kreuzkraut wächst auf Kalkgestein im felsigen Gämslebensraum. Seine Blätter sind als Nahrung für Gämsen nachgewiesen. Hier aber liess der Geissjährling die Blütenpracht in Ruhe, und auch Frassspuren an den Blättern fallen keine auf.**

auch mit fremden Geissen, aber wenn die Mutter anderswohin springt, wird später eine gegenseitige Suche nötig. Es sind schon Trennungen von mehr als 11 Stunden bekannt worden, während denen ein Kitz dann keine Milch bekommt. Die Kitzgeburten eines Rudels müssen in einem engen Zeitrahmen erfolgen, damit das Hütesystem den besten Nutzen bringt.

Die warmen Sommertage dauern in der Regel nicht lange oder werden zwischendurch nicht selten von Gewittern und Kälteeinbrüchen unterbrochen. Das Bergklima mit seinen riesigen Temperaturunterschieden zwischen Tag und Nacht bleibt jedenfalls selbst im Sommer anspruchsvoll. Eine generelle Aussage, wonach sich Gämsen im Sommer hoch oben, im Winter aber tief unten aufhalten, wäre nicht richtig. Es gilt mindestens zwischen den Geschlechtern, verschiedenen Hangexpositionen und abweichenden Gebietsverhältnissen zu unterscheiden (z.B. Waldgämsen).

Oben links: **Blühende Weidenröschen sind ein schöner Anblick, aber beim Wild keine beliebte Nahrung: die Gämsgeissen verweilten hier nicht lange, nahmen nur wenige Blätter und Blüten. Gämsen wählen ihre Nahrung weniger nach bestimmten Pflanzen aus als nach den frischesten, eiweissreichsten Pflanzenteilen. Hierhin kamen sie vielleicht nur, weil Vieh nebenan Salz bekam. Die Schwäche der Gämsen für Salz beeinflusst manchmal die Wahl des Weidegebietes.**

Oben rechts: **Gämsböcke verbringen den Sommer entweder in Bockgruppen oder allein auf kleinen Flächen (von oft nur 10–40 ha). Ihre Sommeraufenthaltsgebiete verschieben sich manchmal. Sie liegen häufig unterhalb der Waldgrenze und sogar nahe von Talsohlen.**

Rechte Seite: **Die Bedürfnisse von Kitzrudeln im Sommer heissen Sicherheit, Nahrung und Abkühlung. Für ältere Böcke lautet die Prioritätenliste im Sommer: Ruhe vor anderen Gämsen, Nahrung und Schatten. Gämsen scheinen richtige Höhlen eher zu meiden. Höhlen waren Anziehungspunkte für Grossraubtiere. Dieser Bock auf Margunet im Schweizerischen Nationalpark verzog sich nach dem Weiden bei Hitze in eine kleine Felsnische. Dort war es wohl etwas feuchter und kühler. Zudem bot sich ihm ein guter Überblick über die Umgebung. An die Wanderer in 100 m Entfernung hatte er sich gewöhnt. Die meisten bemerkten ihn nicht.**

Ab einem besonderen Ausguckposten im Schweizerischen Nationalpark verschafft sich ein Bock den Überblick über das Brunfttreiben bei einem Geissrudel und muss dabei feststellen, dass ein anderer alles fest im Griff hat. Wenigstens kann sich der Kletterer den vergeblichen Vorstoss ersparen.

Ausgucksposten bieten den Böcken nicht nur einen Überblick über einen wichtigen Geländeausschnitt – vor und während der Brunft dienen solche Stellen auch als Ruheplätze. Erspäht ein Bock von weitem einen Konkurrenten, dem er normalerweise überlegen ist, so steht er auf und schüttelt sich demonstrativ, worauf der andere nicht selten wieder den Rückzug antritt. Manchmal wird gleichzeitig mit dem Schütteln Harn verspritzt, was dann zu einer sehr persönlichen Duftnote führt. Wo sich unmittelbar vorher eine Gämse aufhielt, vermögen übrigens sogar wir Menschen zu riechen – und zwar selbst ausserhalb der Brunft.

Die Brunft

Böcke suchen in der Paarungszeit mehrheitlich eine gute Position bei einem Rudel oder im Gelände einzunehmen.
Sie verlieren deshalb viel Reserven, während sich die Geissen für den bevorstehenden Winter schonen und einen passiven Eindruck machen.
Die Brunft bietet Gelegenheit, gleichzeitig auch den Besitz und die Verteidigung von Territorien näher anzuschauen.

In den letzten Oktobertagen halten sich ältere Böcke gerne an exponierten Stellen auf und richten von hier aus ihre Aufmerksamkeit mehr auf mögliche Konkurrenten als auf die Geissen. Meist erst nach der ersten Novemberwoche heften sie sich dann stärker an die Geissrudel. Aber nur einer bis wenige Böcke vermögen dort eine wirklich aussichtsreiche Position einzunehmen. Hingegen verlieren Böcke der ersten Stunde mit der Zeit viel Gewicht und müssen u.U. gegen Ende November anderen das Feld überlassen. Praktisch alle Böcke ab 2–3 Jahren suchen in ständiger Unruhe die Nähe guter Brunftzentren und warten auf Ausguckposten geeignete Momente für einen Einsatz ab. Jüngere Böcke sind bei Vorstössen in Rudelnähe einerseits stark auf Rückzug bedacht, andererseits aber darauf aus, kurze Abwesenheiten des Hauptbockes auszunützen. Wenn sich in einem Gebiet mehrere Geissrudel aufhalten, wechseln viele Böcke zwischen diesen hin und her. Derart beschäftigt vergessen sie die Nahrungsaufnahme fast vollständig. Gleichzeitig verkleinert sich ihr Pansen-Magen auf einen Drittel seiner maximalen Grösse vom Frühling.
Der Selektionsdruck auf die Böcke wird meist noch dadurch verschärft, dass die Anzahl der Geissenrudel im November relativ gering ist. Böcke müssen sich also speziell bewähren, wenn sie überhaupt zu Paarungen kommen wollen. Selbstbewusstes Auftreten ist das Wichtigste. Wer zögert oder vor einem Rivalen umkehrt, hat schon verloren. Spätestens wenn die einzelnen Böcke mehrmals aufeinander getroffen sind, kennen sie die Stärken oder Schwächen

Oben links: **Der Bock in einem Brunftrudel fällt schon allein deshalb auf, weil er meist die einzige Gämse ist, die nichts frisst (rechts oben). Das kostet ihn bis zum Ende der Paarungszeit durchschnittlich 8 Kilo seines Körpergewichtes (Schröder). Nach einem strengen Winter können die fehlenden Reserven in eine Gratwanderung zwischen Tod und Leben ausmünden. Schon allein die unzähligen «Präsenz-Laute» (Blädern) beim Rudel dürften Energie kosten. Kümmert sich der Bock um eine einzelne Geiss (links oben), harnt diese. Der Bock lässt ihr dazu Zeit und beriecht erst nachher die Harnstelle, um den Uringeruch flehmend auf Paarungsbereitschaft der Geiss zu testen.**

Oben rechts: **Gämsgeissen senken sich beim Harnen hinten tief ab. Sie nehmen diese typische Haltung auch in Stresssituationen ein: bei Annäherung eines Bockes in der Paarungszeit, beim Rückzug vor einer überlegenen Gämse oder manchmal vor einer Flucht. Ausserhalb der Paarungszeit interessieren sich andere Gämsen selten für eine Harnstelle. Sie unterlassen aber bereits die Verfolgung einer harnenden Geiss: Rückzieher und Harnen haben die Bedeutung einer Unterlegenheitsgeste.**

Rechte Seite: **«Flehmen» dient in seiner wichtigsten Funktion den Böcken zur Feststellung des Östrogengehaltes im Urin von Geissen. In der Brunft pflegen Geissen bei Annäherung eines werbenden Bockes zu harnen, worauf der Werber innehält, bis die Geiss weggesprungen ist. Danach riecht der Bock am Urin. Anschliessend sperrt er das Maul weit auf und reckt den Hals herum. Dabei treffen die Geruchsstoffe im Maul vorne oben auf eine geruchsempfindliche Stelle, wo sie durch zwei Knochenfenster aus der Nase mit Unterdruck vom Jacobsonschen Organ angesogen werden. Dadurch erfährt der Bock, ob sich sein Werben lohnt. Flehmen ist stets auch Teil der Rangordnungsrituale. Dann flehmen auch ranghohe Geissen.**

Linke Seite: **Markieren an Grashalmen ist bei der Gämse nur bedingt in einem territorialen Zusammenhang zu sehen: Böcke reiben ihre Duftstoffe erst beim Auftauchen eines Gegners (meist in der Nähe des Geissrudels) aus den Hinterhorndrüsen. Duftmarken als solche haben geringe Bedeutung. Hitzige Geissen bewirken möglicherweise ein Anschwellen der Hinterhorndrüsen beim Bock und besonders häufiges Markieren, wenn andere Böcke erscheinen. Auch Böcke im Zweierkontakt markieren beim Imponieren ausgiebig. Man unterscheidet zwischen Markieren mit Drüsenkontakt an Grashalmen und «Hornen» mit Hornkontakt an Ästen.**

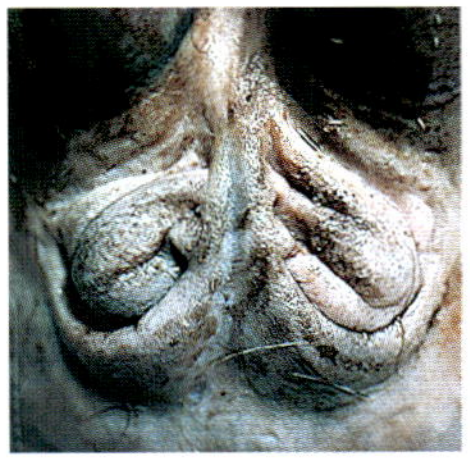

Hier präsentieren sich die beiden Hinterhorndrüsen eines Bockes nach der Entfernung der Haare. Diese Duftstofforgane liegen direkt hinter den oben sichtbaren Hörnern.

Ganz oben: **Nur selten merkt man bei Geissen Interesse am Brunftgebaren der Böcke. Hier beriecht aber ein Geissjährling die Duftmarke eines Bockes. Für gewöhnlich beriechen Gämsen nur ihre eigenen Duftmarken – besonders wenn sie vorher eine fremde übertüncht haben. Erstaunlicherweise werden Duftmarken nicht während der Brunft durch Zweitmarkierungen ausser Kraft gesetzt, sondern höchstens ausserhalb der Brunftzeit beim Hornen an Orten, die von verschiedenen Gämsen (auch von Geissen) dazu aufgesucht werden. Dies setzt weitgehend voraus, dass die Hinterhorndrüsen nicht nur bei Brunftböcken Duftstoffe enthalten.**

des andern. Wo zwei starke Böcke gegenseitig die Dominanzverhältnisse noch nicht festgelegt haben, kommt es immer wieder zu langen Begegnungen: nebeneinander imponieren sie mit aufgestellten Rückenhaaren in der Nähe des Geissrudels (siehe Kapitel Rangordnung). Hauptböcke reagieren auf Bockannäherung schon von weitem, indem sie dem anderen etwas entgegen gehen, blädern (meckern), allenfalls zwei, drei Sprünge mit schauspielerischem Keuchen ausführen oder sich demonstrativ schütteln. Mehr braucht es i.d.R. nicht, um andere Böcke fernzuhalten. Andere Böcke getrauen sich jedenfalls nur selten in der Nähe zu blädern, zu markieren oder sich zu schütteln.
Verfolgungsjagden fallen umso länger und hitziger aus, je ähnlicher die Stärke der Böcke ist. Krämer beobachtete eine maximale Strecke von knapp 2 km. Das liegt allerdings weit über den Durchschnittswerten, die bestimmt deutlich unter 100 m oder sogar unter 50 m bleiben. Wenn Verfolger und Verfolgter mehrmals ihre Rolle wechseln, dürfte das Kräfteverhältnis der beiden Böcke besonders ausgeglichen sein. Krämer betont den entscheidenden Einfluss der höher liegenden Position am Hang auf den Ausgang des Kräftemessens. Rollenwechsel scheinen bei der Alpen-Gämse eher selten vorzukommen. Es gilt aber zu beachten, dass je nach der Bockdichte in einem bestimmten Gebiet Anzahl und Ablauf von Verfolgungen unterschiedlich ausfallen könnten.
Manches im Brunftverhalten wird nur den Böcken zugeschrieben, tritt indessen seltener auch bei Geissen auf. So etwa Flehmen und kurze Hetzjagden zwischen Geissen. Anderes, wie Markieren/Hornen, ist von Geissen kaum während der Brunftzeit zu sehen. Gar nicht so selten hetzen Böcke über kurze Distanzen auch Geissen, um diese am Verlassen ihres Rudels zu hindern. Zuerst aber versuchen sie es mit Hinterhergehen, dann durch «Herden» mit einem gestreckten Vorderbein, das mehrmals etwas vom Boden gehoben und wieder abgesetzt wird. Gelingt dieses Herden nicht sofort, gerät der Bock zunehmend unter Stress. Er hebt und senkt zusätzlich auch den Kopf und schnüffelt am Boden. Erst danach springt er hinter einer Geiss her. Böcke vermögen ausreisswillige Geissen letztlich nicht zu stoppen.
Obwohl sich fast alle Gämsgeissen jedes Jahr paaren, ist oft tagelang keine Paarung zu sehen. Das früheste selber festgestellte Paarungsdatum ist der 8. November, allerdings mit zwei paarungswilligen Geissen schon an einem 6. November bei einem verhaltensgestörten Bock ohne Aufreiten. Im Jura (bzw. in Tieflagen!) dürften die Paarungen mit ersten Daten ab 31. Oktober nach Salzmann (1977) etwas früher liegen. Die späteste eigene Feststellung datiert vom 13. Dezember (bei zwei verschiedenen Geissen). Krämer erwähnt den 24. Dezember als sein spätestes Datum. Meile und Bubenik notieren als letztes Datum einen 26. Januar. Extrem lange Brunftzeiten ergeben sich vermutlich aus (im Vergleich zum Lebensraum) hohen Gämsdichten – und kaum aus dem Fehlen von Böcken! Dort vermögen die Geissen nicht genügend

Oben links: **Hauptböcke von ähnlichem Rang tragen in der Paarungszeit Rangordnungsrituale im Zweierkontakt nahe der Geissrudel aus. Die Haare über der Wirbelsäule (Gämsbart!) (und des Pinsels?) überdauern den herbstlichen Fellwechsel. Sie erreichen bei Böcken anfangs Winter vereinzelt eine Länge von 20 cm. Die Barthaare können mit Muskeln aufgerichtet werden und vergrössern so die Körperumrisse. Im Sommer fallen die dunklen «Barthaare» im hellen Fell stark auf und werden als Aalstrich bezeichnet.**

Oben rechts: **Gämsen besitzen zwischen den Hufschalen der Hinterbeine Zwischenklauendrüsen. Damit markieren sie ihre Spur – wie Rehe. Anders als Rehe, brauchen Gämsböcke ihre Geissen aber nicht entlang einer Fährte mit der Nase am Boden zu suchen. Die Böcke finden die Geissen mit den Augen. Erst wenn sie eine Geiss beim Harnen beobachten, suchen sie am Boden schnüffelnd die Harnstelle. Hauptböcke schnüffeln aber auch bei Begegnungen mit anderen starken Böcken ausgiebig am Boden (Bild), oder wenn sie eine Geiss in ihr Rudel zurücktreiben möchten. Der Geissen zurücktreibende (herdende) Bock bewegt abwechselnd einen Vorderlauf oder seinen Kopf auf und ab und schnüffelt zwischendurch am Boden. Aus den beiden letzten Fällen von Schnüffeln am Boden können sich Hetzjagden entwickeln.**

Linke Seite: **Beim Stichwort Gämsbrunft denken wohl die meisten Leute an herumspringende, sich verfolgende Böcke. Im November bestehen Chancen, fast täglich solche Spektakel miterleben zu dürfen. Wer sich allerdings zu weit vorwagt, stört bald derart, dass nicht mehr viel davon übrig bleibt; insbesondere wenn zusätzlich noch die Geduld fehlt. Warum also nicht vom weit entfernten Gegenhang mit Beobachten beginnen? Später kann man immer noch näher ran und weiss besser wo. (Bildmontage aufeinander folgender Sprungphasen)**

Fettreserven aufzubauen, was zu einer verzögerten Brunft (oder zu einer verlängerten Tragzeit) führt: Es ist bekannt, dass erstmals brunftende Weibchen oft verspätet kommen. Mehrere solche Geissen entfachen vielleicht mit der Zeit die Brunft auch bei Geissen, die sonst gar nicht partizipiert hätten. Aus Jagdgebieten kennt man extrem lange Brunftzeiten nur aus zahlenmässig hohen Beständen mit Schonung der Geissen und der jüngeren Gämsen (vgl. Meile und Bubenik). Nicht gedeckte Geissen werden nach etwa 14–21 Tagen (d.h. im östrischen Zyklus) nochmals brunftig, was jedoch selten notwendig sein dürfte. Erzwungene Paarungen sind eine grosse Ausnahme.
Die Werbung des Bockes erfolgt mit hocherhobenem Kopf ohne Stellen der Rückenhaare und mit vorwärts gerichteten Ohrmuscheln. Es wird die Werbehaltung betreffend gerne darauf hingewiesen, wie die Hörner gegen hinten versteckt und der weisse Kehlfleck präsentiert würden. Erst so vermöge der Bock die Individualdistanz der Geiss zu überwinden. Dabei wird aber übersehen, dass sich der Bock häufig von hinten einer Geiss nähert und nicht in ihrem Hauptblickwinkel liegt. Die Individualdistanz hinten ist bei Gämsen viel weniger bedeutend als vorne oder seitlich. Biologisch macht es durchaus Sinn, wenn Geissen die Annäherung des Bockes erst im Östrus zulassen. Paarungsbereite Geissen sind im Normalfall äusserlich nicht erkennbar. Erst ihr Verhalten gegenüber Böcken gibt Aufschluss. Wahrscheinlich akzeptiert eine Geiss im Östrus jeden Bock und insbesondere den Hauptbock – obgleich Erstlingsgeissen vor älteren Böcken stärker auszuweichen scheinen als vor jüngeren. Die Selektion erfolgt somit durch die Böcke selber: sie schränken durch gegenseitige Konkurrenz den Zugang zu den wenigen grossen Geissrudeln ein.

Eine Geiss, die den Hauptbock nicht akzeptiert, müsste für die Paarung ihr bevorzugtes Aufenthaltsgebiet und ihr Rudel verlassen und dazu Zeit und Energie aufwänden. Zudem verliert sie so den Schutz des Hauptbockes vor der Belästigung durch andere Böcke. Aber vielleicht sind ein paar einzeln umherziehende Geissen doch hauptsächlich auf der Suche nach dem Bock ihrer Wahl. Paarungen verschiedener Böcke mit der gleichen Geiss scheinen an sich möglich, Hauptböcke beaufsichtigen ihr Rudel nicht immer perfekt. Konkrete Fälle sind aber bisher keine bekannt geworden. Allerdings konnte am 8. Dezember 2002 in einem Rudel mit mehreren Hauptböcken ohne starke Rudelbindung nun doch erstmals eine erfolgreiche Paarung eines wohl nur zweijährigen Jungbockes beobachtet werden – mit einer Geiss, die vor den anderen Böcken zurückschreckte.

Wenn ein einzelner Bock theoretisch während mehreren Jahren Vater fast aller Nachkommen eines Gebietes werden kann, stellt sich natürlich die Frage, wie Gämsen Inzucht vermeiden. Miller beurteilt 1987 die genetische Variabilität der Gämse im Vergleich zu andern Säugetieren als «relativ hoch»; allerdings auch die Unterschiede zwischen verschiedenen Populationen. Für Letzteres erwähnt sie den Familiengruppeneffekt und den Jagdeinfluss v.a. durch frühere Fastausrottungen in vielen Gebieten als mögliche Ursachen. Vielleicht überschätzt man aber auch den Fortpflanzungserfolg des einzelnen Bockes. Es ist fraglich, ob er sich zwei und noch mehr Jahre, bzw. überhaupt nur eine Saison lang als Hauptbock halten kann. Schwer abschätzbar bleibt im Moment der Genaustausch durch die Wanderungen der Böcke. Jährlingsböcke werden von einzelnen Geissen in Kitzrudeln schlecht gelitten und verlassen mit der

Oben links: **Im ersten Fotolicht wirbt der Hauptbock bereits um eine paarungswillige Geiss. Das Rudel hat bei klirrender Kälte ausserhalb des Waldes übernachtet. Am Vorabend dauerte der Brunftbetrieb bis in die Nacht hinein. Ob um Mitternacht etwas lief, ist nicht bekannt.**

Mitte: **Die Werbehaltung des Bockes unterscheidet sich zwar von der Haltung imponierender Gämsen durch die nicht aufgerichteten Rückenhaare und den etwas nach hinten geneigten Kopf, löst aber bei Geissen gelegentlich trotzdem Unterwürfigkeit (tief vorgestreckten Hals) aus. Umgekehrt kommen bei ausgeprägter Imponierhaltung regelmässig Aufreitversuche mit dann ebenfalls angehobenem Kopf vor. Sowohl der werbende Bock wie eine imponierende Gämse äussern manchmal ein leises, abgewürgtes Meckern.**

Zeit vorerst die Geissrudel und später oft noch das Gebiet. Es sind viele Wanderungen insbesondere von Böcken bekannt, die sich meistens auf 10–20 km belaufen. Besonderes Aufsehen erregen jeweils Extrembeobachtungen 100–200 oder gar 300 km vom nächsten Gämsvorkommen entfernt. Bei Böcken können die Sommer- und Brunftterritorien nach Hamr bis 17 km auseinanderliegen. Demgegenüber scheinen nach Loison (1999) 30–50% der Böcke und knapp 10% der Geissen insbesondere in jungen Jahren endgültig aus einem Gebiet abzuwandern. Leider ist nicht bekannt, ob gleichzeitig auch eine Neuzuwanderung erfolgte.

Während der Brunft dürfte der Anteil herumvagabundierender Böcke höher liegen als derjenige von standorttreuen. Selbst Hauptböcke verlassen ihr Sommerterritorium und ziehen ihrem Brunftrudel oft über weite Strecken nach (vgl. Hamr, Meile und Bubenik): war ein Platz mit Geissen für einen solchen Bock gestern noch wichtig, ist er es heute ohne (oder ohne paarungsbereite) Geissen nicht mehr und wird also auch nicht verteidigt. Dies schliesst nicht aus, dass sich andere Böcke auf einen bestimmten Geländeausschnitt konzentrieren: vielleicht stammt der Begriff des Platzbockes aus der Vorstellung, Böcke würden ihre Sommerterritorien nach deren Wert in der Brunft auswählen. Unter «Nationalparkbedingungen» bleiben manche Böcke tatsächlich vom Sommer bis gegen den Winter exakt im gleichen Gebiet (von Hardenberg, Hamr, Boschi, Meile und Bubenik). Aber der Wert dieser Gebiete für den einzelnen Bock, gemessen am Geissenbesuch, sollte sehr zurückhaltend beurteilt werden, zumal sich speziell «Seniorböcke» so verhalten. Andere ältere Böcke wechseln schon im Sommer mehrmals ihre Territorien

Oben rechts: **Es sind von links nach rechts zu sehen: eine Geiss, ein älterer Bock und ein Jährlingsbock (in der Paarungszeit). Die Geiss scheint paarungswillig. Der Bock erzielt in kauernder Haltung die Befriedigung aber vorzeitig. Es kommt dann nicht mehr zur Paarung (Ausnahmesituation). Der Jährling getraut sich in Anwesenheit des stärkeren Bockes nicht an die Geiss, riecht hingegen in unterwürfiger Haltung umso intensiver beim Bock. Das Bild belegt, wie ein Bockjährling, der eben die Geschlechtsreife erlangte, von ranghöheren Böcken manchmal noch geduldet und nicht vertrieben wird.**

und legen zum Brunftterritorium, wie bereits erwähnt, nochmals bis 17 km zurück. Nach von Hardenberg dürften Böcke ab Oktober mit der Verlegung ihrer Territorien in die Nähe guter Brunftzentren beginnen. Wie Beispiele von Hamr zeigen, kann ein Bock in einem oder mehreren Jahren ausbleiben und später wieder auftauchen. Nach eigenem Dafürhalten haben Böcke im Alter um 4–8 Jahre bei den grossen Geissrudeln am meisten Erfolg und ziehen mit ihnen herum. In späterem Alter vermögen sie sich dort nicht mehr zu behaupten. Dann komnt die Zeit für ein randständigeres Brunftterritorium. Aber eigentlich weiss man noch nicht, wie sich die Brunftposition eines Bockes während seines Lebens verändert. Es gibt wohl für den gesamten räumlichen Lebenslauf eines Bockes kein einheitliches Muster. Langzeitforschung am Einzeltier fehlt weitgehend. Die Gämsbrunft ist bisher schlecht erforscht. Man könnte heute mit markierten, genetisch überprüften Tieren sogar Verwandtschaftsaspekte untersuchen.

Im Sommer leben viele ältere Böcke allein (solitär) auf sehr kleinem Raum. Daneben gibt es aber Bockrudel mit eher jüngeren Böcken oder Böcken, die kein eigenes Territorium fanden. Welche Verhaltensunterschiede zwischen solitären und gruppierten Böcken wirklich den territorialen Aspekt ausmachen, ist alles andere als klar. Zudem brauchen die beiden Raumnutzungssysteme nicht unbedingt absolut gegeneinander abgegrenzt zu sein: mindestens einzelne ältere Böcke verhalten sich auch im Sommer nicht völlig solitär (vgl. Hamr). Die Anzahl der geeigneten Bockterritorien dürfte limitiert sein. Entsprechend sind in Gebieten mit vielen Böcken die Bockrudel wesentlich grösser und zahlreicher. Geissen leben, wie allgemein anerkannt wird, nicht territorial, markieren (hornen) aber gelegentlich dennoch und halten sich i.d.R. innerhalb gewisser Gebietsgrenzen auf. Die Geissengruppen lassen sich räumlich meist gegeneinander abgrenzen. Die einzelne Geiss ab einem Alter von 3–4 Jahren wechselt ihre Gebietsgruppe selten: Martin Baumann (2000b) wies im Suldtal nur einen einzigen Wechsel der Gebietsgruppe nach.

Im Alpenraum fällt die Mehrzahl der Paarungen auf die Zeit kurz nach Mitte November und die Hauptbrunft dauert ungefähr 20 Tage. Davon abweichende Daten können bedingt sein durch die Gämsdichte oder das Nahrungsangebot. Geissen sind nur ungefähr 30 Stunden lang paarungsbereit. In dieser Zeit kann es zu rund 15 Paarungen von vielleicht 5 Sekunden Dauer kommen, manchmal mit mehrmaligem Aufreiten.

Der Horneinsatz

Gämshörner (Krucken) sind gute «Waffen». Allerdings kommen sie nicht gegen jeden Feind zum Einsatz – besonders die Geissen flüchten oft lieber. Gelegentlich ereignen sich Kämpfe mit Horneinsatz zwischen zwei Gämsen. Dem Gämshorn fehlt die Bedeutung eines «Ranganzeigers».

Links oben: **Für Steinböcke stellt der Kampf Hörner gegen Hörner den Standardablauf dar – nicht aber für Gämsen: man muss schon viel Glück und eine gute Beobachtungsgabe haben, um zwei Böcke ganz kurz und ohne gegenseitige Berührung sich derart bedrohen zu sehen. Ohne gegenseitige Berührung gehört dieses Kopf-an-Kopf manchmal auch zum Spiel der Gämskitze. Im Bild aber fand ein echter Hornkampf mit Berührung über mehrere Sekunden hinweg statt!**

Links Mitte: **Ausgeschlossen! Gämsböcke steigen beim Kämpfen nie gegeneinander auf die Hinterbeine! In etwa so hätte der Kommentar auf die entsprechende Frage gelautet. Hier beweist die Foto das Gegenteil. Die beiden Hornpaare der stehenden Böcke berührten sich nie. Es kam danach zum Flankenstoss, ausgeführt durch den Bock rechts, der auf etwa 4 Jahre geschätzt wird und Hauptbock bei einem Rudel war. Der Bock links, etwa 8-jährig und von unterlegener Kondition, kämpfte völlig defensiv, warb aber in seltener Intensität um Geissen.**

Links unten: **Flankenstösse gehören zum bekannten Kampfverhalten von Gämsböcken – verbunden mit der Vorstellung schrecklicher Kampfwunden. Nun sind aber erstens sogar solche Kämpfe äusserst selten und zweitens besitzen die Hörner von Gämsböcken mit ihrer kreisförmigen Krümmung gegen hinten unten eine effiziente Sicherung bei derartigen Flankenstössen – ohne deswegen grundsätzlich als Waffe in Frage gestellt zu werden!**
Der kurze Kampf endete insofern unentschieden, als beide Böcke beim Rudel blieben. Angreifer war immer der jüngere Hauptbock. Am gleichen Abend setzten starke Schneefälle ein. Das Rudel verliess daraufhin den Platz.

Rechte Seite: **Bei vielleicht einem Prozent der Gämsen in Felsgebieten fallen abgebrochene Hörner auf. Gämskämpfe lassen aber nicht Hörner brechen und sind statistisch betrachtet seltener. Zudem müssten dann Böcke und nicht Geissen (Bild!) betroffen sein. Steinschlag würde andere oder zusätzliche Verletzungen verursachen. Hornbrüche weisen darauf hin, dass die Trittsicherheit der Gämse nicht absolut ist, gelegentlich also doch einzelne Tiere stürzen: Im April 1988 konnte ein selber beobachtetes Kitz eine Lawine lebend verlassen, nachdem es ungefähr 100 m Purzelbäume schlagend über eine Felsstufe an der Oberfläche mitgetragen wurde.**
Am häufigsten resultieren aus Unfällen wohl Beinverletzungen. Auch ungenaue Schüsse von Jägern können Vorderbein- oder sogar Hornverletzungen verursachen. «Einhörner» sind bei Jägern zur Abwechslung beliebte Trophäen.

Über die Häufigkeit von Kämpfen zwischen Gämsen besteht oft ein falsches Bild. Zwar ist es tatsächlich üblich, dass in der Paarungszeit (Brunft) ranghohe Böcke rangtiefen die Annäherung ans Geissrudel durch kurze Hetzjagden verwehren. Aber allein die Präsenz eines blädernden (meckernden) Bockes beim Rudel hält normalerweise «Statisten» auf Distanz. Rangtiefe Böcke am Rande der Brunftrudel bekämpfen einander kaum.
Ranghohe, annähernd gleich starke Böcke beim Novemberrudel durchlaufen ihrerseits vor irgendwelchen Kampfhandlungen ein stundenlanges oder gar tagelanges, typisches Ritual aus dem Repertoire der Rangordnungs-Festlegung. Dieses macht Kämpfe überflüssig, wenn es sich nicht um zwei völlig unnachgiebige Gegner handelt, was sehr selten vorkommt. Kampfhemmung ist also kein Fremdwort.
Gämsböcke tragen miteinander keine ritualisierten Kämpfe aus. Gibt es in seltenen Ausnahmefällen einen Kampf, ist dieser von besonders ernsthaftem Charakter. Man war deshalb lange davon überzeugt, es handle sich um eine einmalig urtümliche (wenig entwickelte) Kampfform – dabei sind Gämsen innerhalb ihrer Verwandtschaft spät entstanden, wie sich genetisch herausstellte. Der Gämskampf wird gerne als «Beschädigungskampf» bezeichnet. Jedoch ist die Verletzungsgefahr bedeutend geringer als üblicherweise angenommen: Bei den «berühmt-berüchtigten» Flankenstössen kommt nämlich die Bauweise der Bockhörner als Verletzungsschutz zum Tragen. Beim Aufprall in der Seite wird durch die starke Krümmung der Hornenden deren Eindringen ins Fleisch verunmöglicht. Bockhörner entfalten ihre grausame Wirkung als Waffe erst, wenn sie unter den Körper geschoben und zurückgezogen werden. Genau das ist aber bei einem springenden Gegner sehr erschwert. Bei Hetzjagden besteht deshalb ein geringes Risiko, vom Gegner verletzt zu werden. Auch in einem Kampf sind die beiden Böcke ständig in Bewegung. Ein Kampf besteht nicht allein im Attackieren, es gilt ausserdem, den Angriffen des Gegners auszuweichen. Ein vorausgehendes «Hörner-Kreuzen» ist nicht Bedingung für einen Kampf. Oft greift ausschliesslich einer der Böcke an, und der andere weicht ständig aus.
Im Schweizerischen Nationalpark finden die Parkwächter nach Auskunft von Alfons à Porta in der Gämsbrunft gelegentlich einzelne tote, stark verletzte Böcke. Es sind dies überwiegend alte Individuen. Die Berner Wildhüter Rolf Zumbrunnen, Ruedi Kunz und Walter Kunz verzeichneten während deutlich über zehn Amtsjahren jeder nur rund einen schlimmen Kampfbeleg (bzw. zwei, einen und keinen Fall). In der Literatur gibt es wenig Angaben über die Kampfhäufigkeit. Demnach könnten Kämpfe in den österreichischen Alpen häufiger sein als anderswo. Meile und Bubenik beschreiben aus dem angrenzenden Bayerischen Nordtirol für das Jahr 1970 mehrere teilweise schwere Kämpfe und vermuten in anderem Zusammenhang ein zu tiefes Durchschnittsalter der

Böcke. Die beiden Autoren geben für ihre kämpfenden Böcke mehrheitlich ein Alter ab 5 Jahren an, aber nie mehr als 7–8 Jahre. Der Einfluss der Jagd auf die Häufigkeit von Kämpfen bleibt weiterhin unklar: die Zahl und die Alterszusammensetzung der Böcke könnten eine Rolle spielen. Böcke sollen hauptsächlich gegen das Ende der Brunft kämpfen.
Daneben verläuft aber möglicherweise die Besetzung der Sommerlebensräume durch ranghohe Böcke im Mai/Juni teilweise hitziger als das vom Menschen stärker beachtete Brunftgeschehen.

Oben: **Es geschieht nicht umsonst, dass Gämsgeissen und ihre Kitze bei Feindgefahren auf engem Raum zusammenrücken: so sind die fast hornlosen Jungtiere durch die hornbewehrten Altgämsen mindestens bei einem Adlerangriff mitgeschützt.**

Rechte Seite: **Auch Füchse sind für Gämsen nicht immer harmlos und werden deshalb jeweils aufmerksam beobachtet. Hier hat eine der Gämsen allerdings noch nichts gemerkt. Kurz nach dieser Aufnahme sprang der Fuchs unerwartet gegen eine andere Gämse, wurde von dieser aber mit gesenkten Hörnern abgewehrt, worauf er weiterzog, wie wenn nichts geschehen wäre.**

1

2

1 Bestens getarnt und völlig bewegungslos fixiert ein Luchs seine Gämse. Mit weit ausgestreckten Vorderbeinen ist er optimal zum Angriff bereit. Der herabhängende Schwanz und die seitlich ausgerichtete Ohrmuschel deuten darauf hin, dass die Gämse nichts ahnt – obwohl ihr Blick möglicherweise schon vage am Luchs in 6 m Entfernung hängt.

2 Während sich die Gämse eben erst herumwerfen konnte, hat der mit einem Senderhalsband markierte Luchs schon fast seine volle Geschwindigkeit erreicht.

3

4

3 Der Luchs versucht in einem 30 m langen Spurt die Gämse einzuholen, vermag aber den Abstand nur auf 2–3 m zu reduzieren.

4 Unaufhaltsam vergrössert sich jetzt die Distanz und zwingt den Luchs zum Abbruch seiner Jagd. Die Gämse hält erst nach zusätzlichen 40 m hangabwärts inne und sieht noch, wie sich der Luchs umdreht und nach 10 m in einer Bodensenke verschwindet. Sie quittiert mit Pfiffen und setzt ihre Flucht um weitere 100 m fort. Danach pfeift sie, neben einer anderen Gämse am Waldrand stehend, im Minutenabstand eine ganze Stunde lang – der Schock sitzt offensichtlich tief.
Die Jagd im Sommer und Herbst auf Gämsen in voller Kraft ist für den Luchs schwierig – selbst aus bester Überraschungsnähe von 1–2 m. Vermutlich handelt es sich hier um die erstmalige fotografische Dokumentation eines Luchsangriffs in freier Wildbahn.

Geissen imponieren unter sich weniger lange als ranghohe Böcke. Sie spielen aber im Rudel die Rangordnung immer wieder kurz durch. Deshalb braucht es vielfach höchstens eine leichte Bewegung mit gesenktem Kopf, damit eine liegende Gämse ihren Lagerplatz verlässt. Meistens genügen schon (drohend) zurückgeklappte Ohren, ein fixierender Blick oder ein paar Schritte direkt auf eine Gämse zu. Weicht eine Gämse überlegenen Geissen auch nur wenige Meter aus, hat sie kaum etwas zu befürchten. Somit sind unter weiblichen Alpen-Gämsen Hornstösse extrem selten. Am ehesten richten sie sich gegen unerfahrene, aufdringliche kleine Kitze, die jede Warnung missachten. Daneben sind mehr oder weniger sanfte Bearbeitungen des eigenen Kitzes mit den Hörnern belegt, falls es nach der Geburt keine Aufstehversuche macht. Doch spielt hier u.U. Bedrängung durch entdeckte menschliche Beobachter mit. Hornstösse von Geissen erfolgen in aller Regel mit wenig Kraftaufwand an nicht gefährdeten Körperstellen und kaum in Serie. Nur Locati und Gentile berichten 1991 von einem Fall mit tödlichem Ausgang für eine der beteiligten Pyrenäen-Gämsgeissen. Pyrenäen-Gämsgeissen scheinen ihre Hörner öfters gegeneinander einzusetzen als Alpen-Gämsen.
Der Wert des Gämshorns als Waffe gegen Feinde wird heute aus verschiedenen Gründen immer noch stark unterschätzt: Gefährliche Kontakte von Gämsen mit Feinden lassen sich als Einzelvorkommnisse nur selten beobachten und wissenschaftlich auswerten. Erschwerend finden Begegnungen von Gämsen mit dem Luchs vorwiegend in unübersichtlichen Waldzonen und häufig nachts statt. Auch halten sich Adler und Luchs bei menschlicher Präsenz sehr zurück. Beim zufälligen Beobachten lassen sich selbst Biologen von den harmlos scheinenden Angriffsversuchen durch Fressfeinde täuschen: Wenn ein

Oben: **Um tote Gämsen entflammt meist ein harter Konkurrenzkampf, hauptsächlich unter Adlern und Füchsen: tagsüber verdrängt zuweilen ein Adler den anderen, nachts läuft es ähnlich weiter zwischen Füchsen. Bald bleiben nur noch Knochen, Haare und Mageninhalt übrig. Rangniedrige Füchse verschleppen in Randzeiten ganze Körperteile (besonders gerne die Köpfe), um sie anderswo zu verstecken. Hier hat ein Fuchsweibchen wertlose Fellteile erwischt, muss aber die ergiebigere Knochenbearbeitung ihrem Ehepartner überlassen.**

Linke Seite: **Nach der Mahlzeit an einer toten Gämsgeiss entleert ein Steinadler seinen Darm. Die nicht ganz 8-jährige Gämsgeiss wurde von einem Steinadler getötet: sie weidete zusammen mit weiteren Gämsen in extrem steilem, felsigem Gebiet. Im ersten Anflug von hinten hat sie der Adler überrascht, mit den Krallen am Rücken gepackt und etwa 30 m weit über die Felsen hinausgetragen. Dann hat er sie fallen lassen und konnte seine Mahlzeit beginnen. Die anderen Gämsen der Gruppe reagierten, als ob sie nichts begriffen hätten: sogar das sonst übliche Näherzusammenrücken und die Beobachtung des zur Ruhe gekommenen Opfers blieben aus. Ein Leben hat seinen Abschluss gefunden, andere sind für ihr Leben darauf angewiesen.**

Steinadler eine Felswand befliegt, dabei eine Gämse entdeckt, einige Male gegen sie stösst (Anflugversuche macht), die Gämse aber auf ihren Hinterbeinen stehend die Hörner Richtung Adler schwingt, dann sieht alles vollkommen spielerisch aus, ist aber in Wirklichkeit eine Entscheidung um Leben oder Tod. Das Gämshorn stellt für Angreifer ein hohes Risiko dar, selbst ernsthaft verletzt zu werden! Ein Adler muss sogar in einer Felswand die Gämse mit seinen Krallen ergreifen können, sonst kriegt er sie nicht. Er kann sie nicht mit seinen Flügeln in die Tiefe stossen, wie oft fälschlicherweise erzählt wird. Ein Adler benötigt zum Jagderfolg auf Gämsen v.a. unaufmerksame Individuen und wählt sich meistens die jüngste Altersklasse der Kitze dazu aus (vgl. Haller 1996).

Was hier für den Steinadler festgehalten ist, gilt erstaunlicherweise selbst für den Luchs: Beobachtungen des Autors umfassen die erfolgreiche Abwehr eines Luchses durch einen jungen Gämsbock. Der Luchs zog die schon ausgestreckte Vorderpfote angesichts eines Hornstosses zurück, blieb aber lange in Lauerstellung und verschob sich mit dem Bock, wenn dieser ihn nicht sehen konnte. Dagegen entzogen sich eine Gämsgeiss und ein Geissrudel einem Luchs durch sofortige Flucht. Es ist anzunehmen, dass Böcke und Geissen sich bei Luchsangriffen unterschiedlich verhalten. Die Flucht der Geissen gelingt meistens, der Gegenangriff der Böcke jedoch ist auch mal erfolglos. Darauf deuten die relativ hohen Bockzahlen bei den Luchsopfern hin (Jobin 1999). Die Böcke überwiegen allerdings im Sommer auch deshalb, weil sich dann die Geissen stärker über der Waldgrenze und näher von schützendem Fels aufhalten; wie es die Befunde von Poulle beim Wolf in Frankreich nahelegen. Heinrich Haller (1992) macht seinerseits auf 50%-Kitzanteile in der Gämsbeute von Luchsweibchen aufmerksam. Jedenfalls dürfte die sofortige Flucht der Gämsgeissen für ihre Kitze lebenswichtig sein. Waldbiotope bieten dem Luchs mehr Deckung als offene Weideflächen und erleichtern ihm den Erfolg selbst auf Geissen (vgl. M. Baumann 2000c).

Die Luchsnahrung besteht in den Schweizerischen Voralpen und im Jura nur etwa zu 20–30% aus Gämsen und zu 70–80% aus Rehen (Breitenmoser und Haller, Breitenmoser 1998, Jobin 2000). Abgesehen vom Jura liegt die tatsächliche Zahl lebender Gämsen in den Luchsgebieten der Schweiz bedeutend höher als die der Rehe. Erwachsene Gämsen scheinen namentlich für Luchsweibchen ausserhalb des Winters und Frühlings keine leichte Beute zu sein – vielleicht nicht zuletzt dank äusserst potenter «Bewaffnung»! Und beim Beobachten von Steinadler-Begegnungen mit Gämsen darf man sogar noch einen Schritt weiter gehen und behaupten, dass Hörner für die Gämse schlichtweg die Grundvoraussetzung zum Überleben über der Waldgrenze sind!

Hier haben Gämsen hoch oben unter den Felsen übernachtet und steigen jetzt ungefähr 500 m tiefer hinab zu ausgeaperten Rasen. Dies ist aber nur möglich, wenn gegen den Frühling zu die Schneedecke kompakt genug ist, um eine ungehinderte Fortbewegung zu ermöglichen. Im Tiefschnee müssen Nachtlager und Nahrungsplätze näher beieinander liegen. Ob bei der Schlafplatzwahl temperaturbegünstigte Orte oder der Luchs stärker ins Gewicht fallen, ist schwierig zu beurteilen.

Der Winter

In der kalten Jahreszeit verwesen die meisten grünen Pflanzen, und mit ihnen verschwinden die Proteine. Übrig bleiben stark ausgedörrte Gräser. Gämsen vermögen daraus die Traubenzucker zu nutzen. Ihr Fettvorrat allein würde zum Überstehen des Winters nicht ausreichen. Es wird aber selbst mit zusätzlichem Abbau der Muskeln knapp, was Gelegenheit zum Besprechen der Sterblichkeit bietet.

Oben links: **Steile Südhänge sind ein wichtiger Winterlebensraum der Gämse. Die Vegetation bleibt dort zugänglich, besteht aber fast nur noch aus ausgedörrtem, hartem Gras ohne Eiweiss. Im Winter enthält der Pansen-Magen der Gämsen Bakterien, welche harte Zellfasern abzubauen vermögen. Erst dadurch werden im Gämsdarm die spärlichen Nährstoffe v.a. in Form von Traubenzuckern verfügbar! Die Gämse besitzt die seltene Fähigkeit, ihren Verdauungsapparat jahreszeitengerecht entweder an winterliches Gras oder an proteinreiche Sommerkräuter anzupassen. Im Gegensatz zum Hausvieh verursacht die Aufnahme gefrorener Nahrung bei Gämsen keine Blähungen.**

Oben rechts: **Sieben Gämsen fressen direkt unter einer gefährlichen Grundlawinen-Anrisszone. Die Mächtigkeit der Schneedecke beträgt ungefähr einen Meter. Gämsen besitzen nicht das ihnen oft zugeschriebene untrügliche Gespür für Lawinen, vermögen jedoch dank Gehör und Augen meistens früh genug auszuweichen. Erst bei verminderter Kondition überrascht der weisse Tod. Allerdings gewähren vor breit abgehenden Lawinen oder Staublawinen nur Felsnischen einen genügenden Überlebensschutz. Nach Neuschnee sind Lawinenhänge oft die ersten ausgeaperten Nahrungsflächen. Die Nutzung von Lawinenhängen entspricht einer Gratwanderung, die aber doch mehrheitlich ohne schlimme Folgen bleibt.**

Linke Seite: **Die vielen Spuren im Schnee belegen den grossen Wert dieses Südosthanges zur Überwinterung. Nahrungsplätze und von einer Felsstufe geschützte Nachtruheplätze liegen unmittelbar nebeneinander. Ein grösseres Gämsrudel geniesst eine kurze Mittagspause, die dank relativ hoher Temperatur im Schnee stattfindet.**

Ins Sommerfell mischen sich schon nach einem Monat wieder erste Winterhaare. Vollständig gewechselt ist das Fell aber erst im Oktober/November. Das Winterfell enthält zwar nicht andere Haartypen, aber wesentlich mehr und längere Haare als das Sommerfell. Die feinen, gekräuselten Wollhaare im Innern sieht man fast nur mit einer Lupe. Für die Felldicke von 3 cm sind die etwa 5 cm langen Grannenhaare verantwortlich. Leithaare überragen die anderen Haare, sind aber nur im Halsbereich und entlang der Rückenlinie besonders zahlreich. Abweichend vom bisher Gesagten beträgt die Haarlänge am Kopf und in den unteren Beinhälften lediglich rund 2 cm, bzw. an den Ohren noch weniger, und es sind dort grösstenteils nur zwei Haartypen vorhanden. Viele Talgdrüsen «fetten» und pflegen die Haare. Das Winterfell ist eine hervorragende Anpassung ans Winterklima. Seine Isolationsqualität lässt sich daran ermessen, dass hängengebliebene Schneeflocken «überleben» und direkt auf dem Schnee ruhende Gämsen diesen nicht zum Schmelzen bringen. Wahrscheinlich ist die Körpertemperatur in den Beinen durch parallelen Verlauf von Venen und Arterien (mit Wärmeaustausch) reduziert. Trotzdem sind Gämsen zum Überstehen des Winters auf einen Fettvorrat von etwa 6 kg und die Fortsetzung der Nahrungsaufnahme angewiesen. Gämsen haben eine Körpertemperatur von gut 39 °C und einen Ruhepuls von 80–85 Schlägen pro Minute. Bei Kitzen dürften beide Werte noch höher liegen. Zudem kommen

Gämsen anscheinend mit der Hälfte des Schlafpensums eines Menschen aus. Es ist deshalb gut nachvollziehbar, dass der «Hochleistungskörper» der Gämse nicht annähernd so viele Jahre durchsteht wie der menschliche Körper. Die Zähne setzen normalerweise dem Leben der Gämsen kaum Grenzen. Hingegen sind Kitze im Winter benachteiligt: Sie haben fast keine Fettvorräte und ihr kleiner Körper verbraucht im Vergleich zu den Erwachsenen verhältnismässig viel Energie. Das gilt erst recht für Spätgeburten. Die Winternahrung der Gämsen hat entweder keinen hohen Nährwert oder ist nur in ungenügender Menge erreichbar. Der Pansen-Magen der Gämse passt sich im Winter dem veränderten Angebot an: er ist jetzt kleiner und bearbeitet die Nahrung länger.

Im Winter sollten alle Aktivitäten in einem langsamen Rhythmus ausgeführt werden können. Vom Energieverbrauch her betrachtet wäre jetzt Nachtaktivität an Stelle von Tagaktivität besonders vorteilhaft. Nachts ist es meist kälter als tagsüber. Eine Gämse, die bei grösster Kälte ruht, muss ihren Körper extra «aufheizen». Frisst sie hingegen, erzeugt die Bewegungsenergie gleichzeitig genügend Körperwärme. Während des Tages reicht die Umgebungstemperatur für eine ruhende Gämse eher aus, um den Energieaufwand für die «Körperheizung» zu minimieren. Gämsen sind ganzjährig während knapp 14 Stunden des 24-Stunden-Tages aktiv – einige Stunden mehr als Rehe

Oben links: **Ob hoch über dem Wald oder im Wald: lange anhaltende, starke Schneefälle stellen hohe Anforderungen an die Gämsen. Diese Zeit wird meist ruhend, ohne viel zu fressen in Felsnischen oder neben einem Baumstamm überdauert, kostet allerdings bei Häufung das Leben mancher Gämse mit wenig Reserven. Bei zugänglicher Vegetation sind aber Gämsen auch im Winter knapp 14 von 24 Stunden aktiv – davon 4–6 Stunden um Mitternacht herum!**

Oben rechts: **Laubhölzer wie Vogelbeere, Bergahorn, Erlen und Weiden werden nicht nur im Winter (zuweilen sogar auf den Hinterbeinen) verbissen. Aber im Winter können sie bei viel Neuschnee lokal besonders wichtig werden, bevor es wieder erste apere Flächen gibt. Bis zum Ende eines schneereichen Winters kann sich das Gewicht insbesondere bei Kitzen halbieren.**

Oben links: **Fichten- und Föhrennadeln sind im Winter nur eine Notnahrung. Sie enthalten Bitterstoffe, welche die Verdaubarkeit der Proteine beeinträchtigen. Viel Energie kann deshalb daraus nicht gewonnen werden. Fast reine Fichten- oder Föhrenwälder sind kein optimaler Winterlebensraum für Gämsen. Sie werden nach der Rückkehr der Sonne gerne zuerst mit dem Waldrand vertauscht und dann ganz verlassen.**

Oben rechts: **Ein Geissjährling knabbert die Flechten von einer umgefallenen Fichte ab. Nebst Flechten enthalten sonst praktisch nur grüne Pflanzen Proteine. Flechten haben einen guten Nährwert, sind aber nur in kleinen Mengen verfügbar und physiologisch betrachtet eher eine Sommernahrung.**

oder Hirsche. Wahrscheinlich 75% dieser Zeit beansprucht die Nahrungsaufnahme (vgl. Ingold). 2–3 Stunden fallen ganzjährig in die Nacht; bzw. werden im Herbst und Winter tatsächlich 2–3 zusätzliche Stunden vom Tag in die Nacht verlagert! Nachtstunden treten speziell als Mitternachtaktivität in Erscheinung. Diese Forschungsresultate von Hamr und Czakert (1986) aus dem Tirol zeichneten sich schon bei Zuber (1977) im Zoo ab und fanden bei Ingold (1998) am Augstmatthorn Bestätigung. Mitternachtaktivität ist nicht bedingt durch menschliche Störungen tagsüber oder durch helle Mondnächte. Für ihr Auftreten ist sogar ein allfälliger Einfluss schlechter Nahrungsqualität oder von besonders wenig Fettreserven unwahrscheinlich, da sich Zoogämsen ähnlich verhalten. Regelmässige Nachtaktivität passte bisher nicht ins Bild der Gämse: viele Einzelbeobachtungen auch des Buchautors schienen dagegen zu sprechen.
Nur bei starken Neuschneefällen wird selbst die Nahrungssuche eingestellt. Es bewährt sich dann, die Sonne abzuwarten. Diese greift die Schneedecke rasch an vielen Stellen an. Der typische Winterlebensraum der Gämse befindet sich deshalb in steilen Südhängen. Winterliche Sonnenhänge bergen, nebst nährstoffarmer Nahrung, eine starke Lawinengefahr. Andere Überwinterungsmöglichkeiten stehen den Gämsen jedoch kaum zur Verfügung. Höchstens das Ausweichen bei starken Schneefällen in den Wald, wo immer etwas

grüne Notnahrung zu finden ist. Aber im Tiefschnee lange Wegstrecken vom Nachtlager zu den Nahrungsplätzen zurückzulegen lohnt sich nicht. Ebenso wenig lohnt es sich, dürres Gras unter einer harten Schneeschicht mühsam hervorzuscharren. Das Energiebudget in den Winterbergen bleibt knapp und geht nur auf, wenn nicht zu viele Fluchtbewegungen notwendig sind.

Vom Winter bis in den Frühling durchmischen sich die verschiedenen Rudeltypen fast vollständig. Höchstens ältere Böcke ziehen manchmal in reinen Männchenverbänden gemeinsam herum. Selbst Individuen, die sich in der Paarungszeit bekämpft haben! Daraus lässt sich ableiten, wie wichtig die Vorteile des Gruppenlebens gerade im Winter sind, wo es an guten Lebensräumen mangelt.

Oftmals entsteht eine schlechte Ausgangslage für den Winter durch einen ungenügenden Fettaufbau im Sommer. Dies trifft speziell in dichten Gämsbeständen zu. Der Grund dafür ist meistens weniger in einer Nahrungsknappheit zu suchen als in der Zunahme von Parasitenübertragungen, in vermehrtem sozialem Stress, in der Weidekonkurrenz mit anderen Wildtieren oder mit dem Vieh sowie in Störungen durch Menschen. Man hat lange den Winter (in Form der aufsummierten Neuschneehöhe) als wichtigste Todesursache betrachtet. Nur für Tieflagen traute man höheren Bestandeszahlen eine ähnliche Wirkung als Auslöser von Krankheiten zu. Lande und eigentlich auch Couilloud bringen nun aber die Kitzsterblichkeit selbst in den Bergen direkt mit hohen Gämsbeständen in Verbindung: in dicht mit Gämsen be-

Oben links: **Lange Wegstrecken im Tiefschnee verbrauchen schnell mehr Energie als mit der gefundenen Nahrung ersetzt werden kann. Dies gilt für die gesamte Energiebilanz der Gämse im Winter: ein sparsamer Energieverbrauch ist wichtiger als eine weitläufige Nahrungssuche.**

Oben rechts: **Auch mit Verhaltensanpassungen kann im Winter Energie gespart werden. So zum Beispiel durch die Benutzung von ausgetrampelten Pfaden im tiefen Schnee und langsamer Fortbewegung. Die Einerkolonne beim Gehen bewährt sich im Winter.**

Oben links: **Berechnungen gehen davon aus, dass eine flüchtende Gämse ungefähr fünfmal mehr Energie verbraucht als im Schritttempo und für Sprünge im Tiefschnee gar zehnmal mehr Energie. Daran sollten alle denken, die unter derartigen Umständen eine Gämse zur Flucht veranlassen. Solches zu vermeiden wäre das Beste, abdrehen oder stehen bleiben und der Gämse Zeit lassen das Mindeste. Wir selber können zu Hause wieder auftanken, die Gämse aber muss zuerst durch den Winter-Energie-engpass hindurch …**

Oben rechts: **Wenn nach Schneefällen wieder Schönwettertage einsetzen, suchen die Gämsen die steilsten Rasen in der Nachbarschaft auf. Dort rutscht der Schnee am schnellsten weg und mit Scharren lässt sich etwas nachhelfen. Die Zaunpfähle ermöglichen einen guten Grössenvergleich mit den Gämsen. Meistens überschätzt man die Schulterhöhe: sie beträgt nur etwa 55 cm bei Kitzen und 70 cm bei Geissen, kann aber bei Böcken auch einmal 85 cm erreichen.**

siedelten Gebieten erhöht sich nach Lande mit zeitlicher Verzögerung einer Gämsgeneration (innert 2–4 Jahren) die Kitzsterblichkeit sprunghaft. Dafür ist in späteren Altersstufen die Mortalität relativ gering – ausser im Alter und manchmal bei den Böcken. Unbewiesen bleibt weiterhin der Einfluss hoher Rothirsch- und Steinbockbestände (vgl. Filli).
Es gibt Winter fast ohne Abgänge und Extremwinter, die über 30% eines Bestandes dahinraffen. Die natürliche Sterblichkeit ist bei alten Gämsen und bei Kitzen besonders hoch. In Jagdgebieten bekommen ungefähr 85% aller Geissen ab 3 Jahren ein Kitz. Am Ende des Sommers sinkt diese Kitzzahl auf etwa 70% und nach dem ersten Winter beträgt sie noch 40%. Im Durchschnitt gehen mehr als die Hälfte der Kitze bis zum nächsten Sommer ein. Diese Ausfälle sind nicht ausschliesslich durch Schwäche, Krankheiten und Unfälle bedingt: Auch Luchs und Steinadler können dazu beitragen.
Ferrario beobachtete an einem Adlerhorst in den italienischen Alpen für die Jungenaufzucht das Eintragen von jährlich rund 10 Gämskitzen, was knapp einem Drittel aller Beuteobjekte entspricht. Im Kanton Graubünden machen Gämskitze als zweithäufigste Beute nur 8% aller Horstbelege aus, Murmeltiere dagegen 60% (Haller 1996). Das Jagdgebiet eines Adlerpaares beträgt nach dem gleichen Autor im Mittel 50 km², wovon zur Jungenaufzuchtszeit allerdings nur der kleinere Teil genutzt werden. Der tägliche Fleischbedarf eines Adlers liegt bei 230 g. Einzeladler stehen aber im Extremfall Hungerzeiten von 4–6 Wochen durch. Insgesamt tauchen in der Adlernahrung die grosse Mehrzahl

Oben: **Gämsen suchen im Winter gezielt apere Stellen auf. Erst wenn solche spärlich sind und nur in aufgeweichtem oder neuem Schnee scheint Scharren sinnvoll zu sein: Wahrscheinlich benötigen Gämsen beim Scharren derart viel Muskelkraft, dass allein bei grünem Gras ein Energiegewinn erzielt wird.**

Rechts: **In dicht mit Gämsen besiedelten Gebieten erhöht sich mit zeitlicher Verzögerung einer Gämsgeneration die Kitzsterblichkeit sprunghaft. Todesfälle hängen nur scheinbar von vielen oder wenigen Schneefällen ab. Mitte November haben diese Kitze und Junggämse den Winter noch vor sich.**

Seiten 108 und 109: **Der Frühling ist für Gämsen eine schwierige Zeit. Die Fettreserven sind längstens aufgebraucht und viel Muskelfleisch abgebaut. Aber die Magenumstellung von der Winter- zur Sommernahrung bereitet oft Durchfallprobleme. Zudem kann der Winter, wie hier, selbst Mitte Mai oder anfangs Juni für mehrere Tage zurückkehren und die Vegetationsentwicklung verzögern. Gleichzeitig sind schon wieder die Kitzgeburten im Gange, welche die Geissen zusätzlich belasten.**

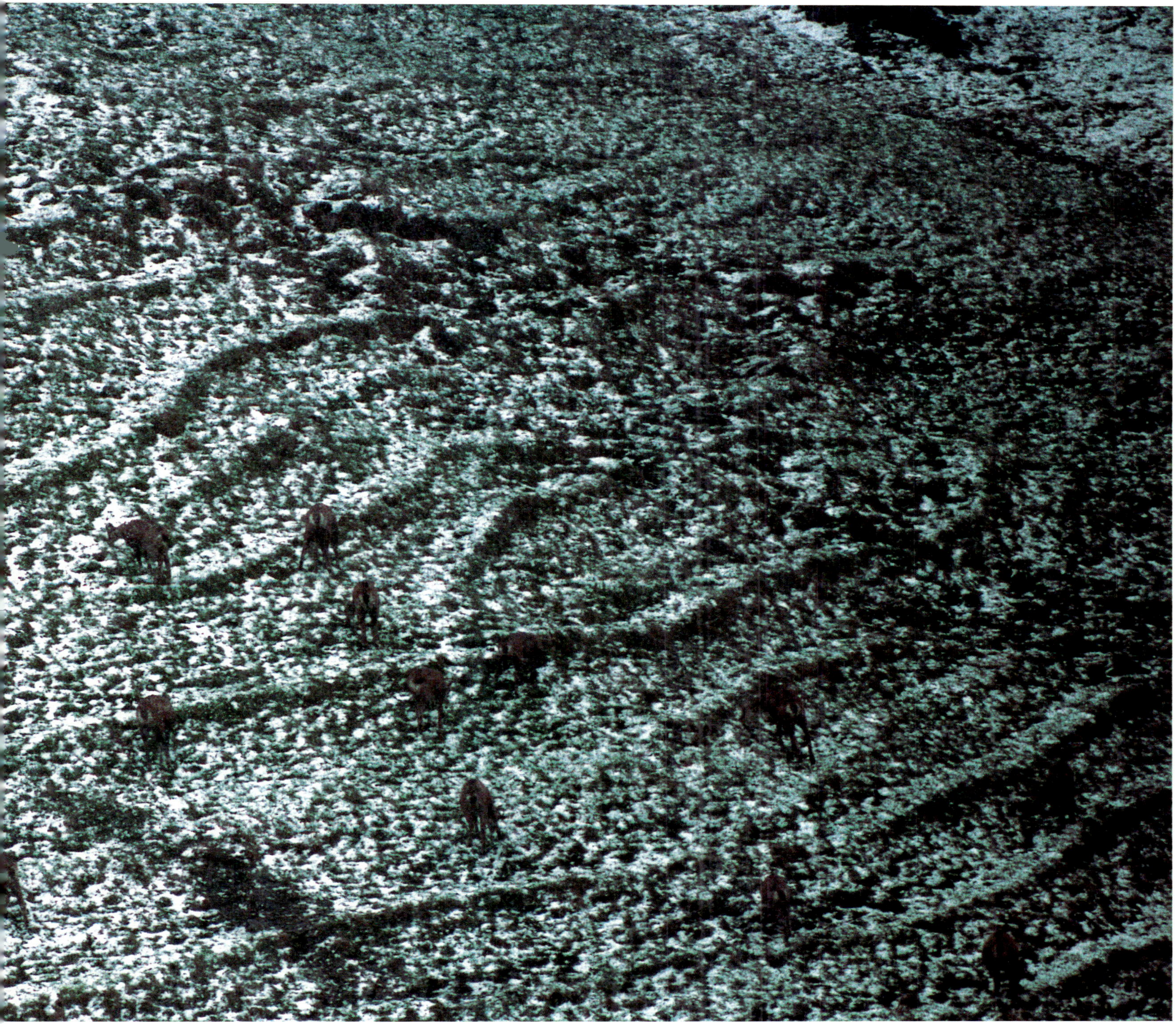

der Gämsen erst nach dem natürlichen Tod auf. Junge Adler suchen Sonnenhänge grossräumig nach totem Wild ab. In den ersten Lebensjahren fehlt ihnen normalerweise die Fähigkeit, solches zu töten. Diese Kunst bleibt hauptsächlich den revierbesitzenden Adlern vorbehalten, welche aber im Winter trotzdem nahezu hälftig von Aas leben. Geschlagene Gämsen betreffen weitgehend die Altersstufe bis zu einem Jahr (Haller 1996). Obwohl der einzelne Adler rund 8× weniger Huftiere tötet als ein Luchs, schätzt Heinrich Haller den Gesamteinfluss aller Adler auf die Huftiere im Kanton Graubünden mit annähernd 4% der Bestände gleich hoch ein wie den zu erwartenden Luchseinfluss. Der Adler nutzt aber im Gegensatz zum Luchs auch regelmässig junges Steinwild. Im Vergleich zum Steinadler, oder besonders zum Luchs, spielt der Fuchs im Gämsbestand eine völlig vernachlässigbare Rolle.
Eine bestandessenkende Wirkung üben aber selbst Luchse normalerweise nur auf schon kleine Populationen aus. Im Turtmanntal hingegegen reduzierten Luchse nach Heinrich Haller (1992) einen unbejagten Gämsbestand in den Jahren 1982–1987 von ca. 800 Tieren auf 300–400 Köpfe. Die Luchse trafen in einem minimalen Gebiet auf einen maximalen Gämsbestand ohne Luchserfahrung und machten in der Folge im Übermass Beute. Im Höhepunkt dieser Entwicklung rissen die zwei Luchse 1987 und 1988 gut 75% der beiden Kitzjahrgänge; Geissen im besten Alter wurden langsam spärlich. Daraufhin waren die Luchse zur Vergrösserung ihres Jagdgebietes von 44 auf 116 km^2 gezwungen; die Zahl der Gämsen stabilisierte sich. Beute und Räuber mussten sich zuerst einander anpassen, das gegenseitige «Gleichgewicht» finden. In

Oben links: **Ab dem Jährlingsalter ereignen sich die meisten Todesfälle gegen den Frühling, häufig sogar erst bei der Umstellung auf das neue Gras, sozusagen bei gedecktem Tisch. Das Bild zeigt einen 8-jährigen Bock 18 Tage vor seinem Tod. Er wurde auch 15 Tage später nochmals fotografiert, ohne dass sein Zustand eindeutig aufgefallen wäre. Abgesehen von Gämsblindheit, Gämsräude und Lungenwürmern entgehen Krankheiten meistens der menschlichen Aufmerksamkeit.**

Oben rechts: **«Kniend» fressende Gämsen knien genaugenommen eigentlich nicht, sondern stützen sich auf die Handgelenke. «Kniend» fressen deutet vermutlich auf eine momentane Körperschwächung, weil es vor allem im Frühling zu sehen ist. Nähere Abklärungen zu dieser Frage sind schwierig zu treffen und interessieren wohl weniger. Böcke verbrauchen in der Brunft oft ihre gesamten Fettvorräte und bauen im Winter viel Muskelfleisch ab.**

Rechts: **Jede Tierart befindet sich in einem ständigen Kampf mit Krankheitserregern. Eine der schwersten Krankheiten für die Gämse ist die Gämsblindheit, welche hauptsächlich von Schafen auf Gämsen und Steinwild übertragen wird. Während sich Haustiere leicht behandeln lassen, verursacht ein Seuchenzug beim Wild oft erhebliche Ausfälle: werden beide Augen von einem Abszess durchbrochen wie hier bei einer Gämsgeiss, so ist Erblinden die Folge. Völlig blinde Gämsen fressen nicht mehr. Auf der Flucht von Menschen bedrängt können sie abstürzen.**

Oben: **Einäugige Gämsen wie dieser 13-jährige Bock haben zweifellos in einem Auge Gämsblindheit bis zum bittern Ende mit Augenausfluss durchgestanden. Solche Tiere scheinen danach ein normales Leben weiterführen zu können. Es ist auch nicht so, dass kranke Individuen von den übrigen Gämsen verstossen würden, vielmehr vermögen sie diesen im Endstadium einer schweren Krankheit nicht mehr zu folgen …**

einem andern Fall bei Waldgämsen (vgl. M. Baumann 2000c und im Kapitel Jagd) bekamen Jagd und Luchs lokal ähnlich hohes Gewicht, was ebenfalls nicht mehr «durchschnittlichen» Verhältnissen entspricht, wie sie in den Nordwestalpen vor 1997 langjährig anzutreffen waren: dort betrug damals der Anteil der Jagd an allen Todesfällen 67%. 19% entfielen in einem anderen Bezugszeitraum auf den Winter, auf Krankheiten und Unfälle und 14% auf den Luchs (vgl. Breitenmoser 1998). Die Bedeutung der Gämsjagd war damit im Durchschnitt 3–5× grösser als die Bedeutung des Luchses. Oder anders ausgedrückt: die Jäger erbeuteten alljährlich jede fünfte Gämse, die Luchse jede zwanzigste. Heinrich Haller (1996) veranschlagt den täglichen Fleischbedarf eines Luchses auf 1000 g und das nutzbare Gewicht einer Gämse (ohne Knochen, Fell und Magen) auf einen Drittel. Ein Kitz reicht weniger als eine Woche, eine ältere Gämse länger. Luchse nutzen jedoch eine Gämse innert etwa zwei Tagen vollständig, fressen also mehr als eine Tagesportion, und gehen dann weiter – ähnlich wie Adler oder Füchse. Im Gegensatz zu diesen sucht der Luchs nicht gezielt nach Fallwild.
Die meisten natürlichen Todesfälle gehen auf Krankheiten nach Gewichtsverlust zurück und werden durch Magen-Darmwürmer und Lungenwürmer ausgelöst. Seltener durch Bandwürmer, Leberegel, bakterielle und virale Erkrankungen. Grössere Ausfälle verursachen jeweils Massenerkrankungen mit Gämsblindheit oder Gämsräude. Einige Krankheiten werden von Schafen, Ziegen oder Rindern auf Gämsen übertragen, während der umgekehrte Weg kaum vorkommt: klassisches Beispiel dazu ist die seit etwa 1915 aktenkundige Gäms-

Oben links: **Stürze oder Schusswunden mit schweren Beinverletzungen zu Beginn eines Winters sind ein riesiges Handikap mit ungewissem Ausgang. Andererseits staunt man manchmal über die Heilkraft selbst bei Knochenbrüchen.**

Oben rechts: **Die Winterfellfarbe der Gämse ist ein schwärzlichs Braun. Ganz weisse Gämsen (Albinos) haben eine vererbte Stoffwechselstörung, die aber nicht lebensverkürzend zu sein scheint. Kitze von Albinogeissen können völlig normal gefärbt sein, kriegen den Albinismus aber trotzdem im Erbgut mit. Albinoerbgut von Vater und Mutter ergibt immer ein Albinokitz. Albinoähnliche Tiere (Bild) zeigen allerdings, dass Albinismus nicht durch ein einzelnes Gen vererbt wird. In den Ostalpen kommen Gäms-Schwärzlinge (Kohlgämsen) vor: bei diesen im Kopfbereich schwärzlichen Tieren erfolgt die Vererbung ähnlich wie beim Albinismus. Es können aber bis zu 10% der Gämsen eines Gebietes Schwärzlinge sein. Melanismus, wie der Fachbegriff heisst, hat etwas zu tun mit besonders kühlem, regnerischem Klima. Melanismus und Albinismus gibt es auch bei anderen Tierarten.**

Oben links: **Auch Luchs, Fuchs, Steinadler und Kolkrabe (Bild) haben herzige Kleine, die Nahrung brauchen. Kolkraben sind nicht in der Lage, Gämsen selber zu töten, suchen aber im Winter totes Wild. Je mehr Arten ein Ökosystem umfasst, umso stabiler ist es. Auch unser Leben ist letztlich nur in einem vielseitigen Ökosystem lebenswert und überhaupt lebbar. Leider blenden wir dies im Alltag immer wieder aus.**

Oben rechts: **Beim Fellwechsel ausgefallene Gämshaare oder im Fuchskot übrig gebliebene Haare werden oft von Vögeln zur Nestpolsterung gesammelt. Hier trägt ein Steinschmätzer-Weibchen eine solche Haarportion nach Hause.**

blindheit, eine Augenkrankheit, die in vielen Fällen zum völligen Erblinden von Gämsen, Steinböcken und manchmal auch von Schafen führt. In bis 80% aller gesömmerten Schafherden kann jeweils der bakterienähnliche Erreger der Gämsblindheit (Mycoplasma conjunctivae) nachgewiesen werden. Weil jedoch eine Immunisierung der Gämsen erfolgt, kommt es in einem bestimmten Gebiet nur alle paar Jahre zu gehäuften Todesfällen. Die Schweiz blieb bisher von der in Österreich verbreiteten Gämsräude verschont. Die zu den Spinnentieren gehörende Gämsräude-Milbe (Sarcoptes rupicaprae) vermehrt sich hauptsächlich in der obersten Hautschicht von Gämsen. Massenhaftes Einbohren in die Haut durch immer mehr heranwachsende Milben, bzw. deren Stoffwechselausscheidungen, führen bei stark betroffenen Tieren zu ekzemartigen Wucherungen, eiternden Hautrissen und zum Ausfall grosser Fellteile im Kopfbereich. Befallene Gämsen haben ständigen Juckreiz und stellen mit der Zeit die Nahrungsaufnahme ein. Auswirkungen und Seuchenzyklen erinnern sehr an besonders schlimme Fälle von Gämsblindheit.
Aus tierschützerischen Überlegungen könnten wir versucht sein, die Selektion der Natur durch Füttern verhindern zu wollen. Gämsen nehmen aber Fütterungen nur schlecht an, und künstliche Salzlecken schaden durch Krankheitsübertragungen vermutlich mehr als sie nützen. Nach einem strengen Winter oder der Selektion durch Grossraubtiere überleben diejenigen mit der besten Gesundheit, dem besten Verhalten und dem momentan bestangepassten Erbgut. Auf diese Weise ist sogar eine effizientere Auslese möglich als durch eine menschliche Jagd mit den besten Absichten.

In alpinen Schutzgebieten, hier im Schweizerischen Nationalpark, ist der wirtschaftliche Druck auf Wildtiere am geringsten und der touristische Nutzen am grössten.

Die Gämsjagd

Für die einen sind Gämsen schädlich, für die andern ist es die Jagd. Aber dies sind die beiden Extrempositionen. Dazwischen liegen viele Abstufungen. Der Konflikt ist selbst für Jäger nicht lösbar: sie lieben das Wild, das sie töten. Hier sollen v.a. die Gämsjagd und das Thema Gämsen im Wald ausgeleuchtet werden.

Die Betrachtungen in diesem Buch gehen von der Einzelgämse aus, werfen aber manchen Blick auch auf die Gämsengesellschaft, die Population. Ähnlich kann man es mit der Jagd halten: man ärgert sich vielleicht über einen Jäger, der nicht alles vorbildlich macht oder bedauert das Schicksal einer erlegten Gämse. Die Beurteilung der Jagd insgesamt sollte jedoch mit einem Blick auf grössere Zusammenhänge erfolgen.
Die (Gäms-)Jagd wurde früher ausschliesslich mit dem Fehlen von Grossraubtieren und mit wirtschaftlich untragbaren Schäden sowie Massensterben in grossen Wildbeständen begründet. Mit der Rückkehr von Luchs, Wolf und Bär fand schliesslich zusätzlich die Jagd als Selbstzweck (bzw. als Nutzungsrecht) Eingang in die Gesetzgebung. Dazu stehen die Jäger und können diesen Anspruch im Allgemeinen politisch problemlos durchsetzen. Mit der Wahrnehmung persönlicher Interessen im Gämslebensraum fällt der Jagd der «Schwarze Peter» bei der dauernden Aufrechterhaltung der Ängstlichkeit der Gämsen zu. Alle Freizeitaktivitäten dagegen erfordern eigentlich «zahme» Wildtiere, die dann ihrerseits Förster und Landwirte erzürnen. Je nach Interessenlage reichen wir den Schwarzpeter einfach im Kreis herum und versuchen, politisch das Gewicht auf die eigene Seite zu ziehen. Wie sich die Bevölkerung zur Jagd stellt, ist daher nicht auf Dauer festgelegt, tangiert indessen viele finanzielle Interessen.
Eigentlich würde sogar ein unbejagter Gämsbestand ohne Grossraubtiere sich nirgends bis ins Unendliche vermehren. Selbst im Flachland liessen Krankheiten immer wieder hohe Bestände zusammenbrechen. Was im Flachland ein unvorstellbares Szenario ist, sieht im Berglebensraum völlig anders aus: mit zunehmender Meereshöhe nehmen die Nahrung und ihre Verfügbarkeit im Winter ab. Der Lebensraum setzt schon ohne Jagd für einen Gämsbestand engere zahlenmässige Grenzen. Im nicht bejagten Schweizerischen Nationalpark schwankt die Zahl der Gämsen seit 1920 nur zwischen 900 und 1600 Tieren, was unter Ausschluss der vegetationslosen Fläche 11–19 Gämsen pro Quadratkilometer entspricht. Lande konnte jetzt zeigen, dass die Gämsen im Park ihren Bestand sozusagen selber an die Möglichkeiten des Lebensraumes anpassen (oder Dichteregulation betreiben): Erst wenn ihre Zahl sehr hoch klettert, sterben in den folgenden Wintern besonders viele Kitze, oder es gibt weniger Nachwuchs ... Im Val Trupchun vermutet Flurin Filli zudem eine starke Beeinflussung des Gämsbestandes durch hohe Steinwild- und Rothirschzahlen, während die Hirsche bei Il Fuorn bisher keinen messbaren Einfluss hatten. Der Schweizerische Nationalpark ist sehr gebirgig und grenzt fast überall an bejagtes Gebiet. Die Überwinterung der Gämsen erfolgt zu einem wesentlichen Teil ausserhalb der Parkgrenzen. Viele Böcke besiedeln auch im Sommer tiefer gelegene Gebiete abseits vom Park.
Durch Bejagung sinken die Winterverluste, weil die Jagd z.T. (kompensato-

Oben links: **Dieser eindrückliche Kerl wird wegen nicht sehr ausgeprägten Pinselhaaren auf nur etwa 5 Jahre geschätzt. Er war nicht der Stärkste vor Ort und hoffentlich auch nicht der Älteste. In stark bejagten Gebieten fehlen leider häufig ältere Böcke um 10 Jahre. Altersschätzungen bei lebenden Gämsen sollten immer mit grossen Fragezeichen versehen werden. Es ist im Übrigen unwahrscheinlich, dass die Ranghöhe der Böcke schön mit dem Alter zunimmt: bei den grossen Brunftrudeln scheinen sich alte Böcke nicht behaupten zu können und bei Geissen ab 4 Jahren hängt der Rang mit Sicherheit nicht vom Alter ab.**

Oben rechts: **Bei einem solchen Anblick schlägt nicht nur das Jägerherz höher. Die starken Hörner und der massige Körper lassen sofort einen Bock vermuten oder, was die Hörner angelangt, sogar eine Pyrenäen-Gämse. Dabei handelt es sich um eine ältere Alpen-Gämsgeiss aus einem Kitzrudel!**

Linke Seite: **Vater und Sohn. Beide in erholsamer Bergwelt auf der Hochjagd. Obwohl die Hochjagd immer noch viele Strapazen bedeuten kann, hat sie heute nicht nur in Bezug auf die Ernährung eine völlig andere Bedeutung als früher und ist zum Schutze der Arten stark reglementiert. Grundvoraussetzung zur Jagdausübung ist erst seit wenigen Jahrzehnten das Bestehen einer Prüfung.**

risch) an deren Stelle tritt. Hoher Jagddruck setzt zudem den Zeitpunkt der Geschlechtsreife herab. Ausserhalb des Nationalparkes werden im Durchschnitt ungefähr 20% jährliches Populationswachstum beobachtet und jagdlich genutzt. Ohne die üblichen Winterverluste wären es bis 25% Bestandeszuwachs. Nur frisch kolonisierende Tieflandgämsen erreichen kurzzeitig 31% Wachstum. Umgekehrt geht das jährliche Wachstum ohne Jagd zurück. Die aufgeführten Prozentwerte werden erstaunlich wenig beeinflusst von ungleichem Jagddruck auf die beiden Geschlechter.

Für die Jagdplanung werden die Gämsbestände alljährlich vor der Brunft oder im Frühling gezählt. Nach dem Winter sind jeweils die überlebenden Kitze von besonderem Interesse. Wenn ihre Zahl im Mai (im Jährlingsalter) ermittelt wird, ergibt sich ein guter Überblick über die Wintersterblichkeit.

Es ist nicht üblich, die Intensität der Bejagung (den Jagddruck) in Prozentwerten eines Gämsbestandes anzugeben. Aber dies ermöglicht den Vergleich verschiedener Gämsgebiete und eine nachvollziehbare Unterscheidung der Todesursachen. Der Jagddruck auf Gämsen ist in verschiedenen Gebieten recht unterschiedlich. Er beträgt in Österreich ca. 15% und in Frankreich ca. 10% der Bestände und bewegt sich für Deutschland ebenfalls in diesem Rahmen, während die meisten Kantone in der Schweiz nahe bei 20% oder manchmal sogar bei 28% liegen.

25% Abschöpfung eines Bestandes allein durch die Jagd bedeuten seine Reduktion. Die natürlichen Abgänge in einer Gämspopulation machen nämlich im Durchschnitt gut weitere 5% aus und in besonderen Jahren noch viel

Links: **Zur Nachahmung der natürlichen Selektion durch die Umweltverhältnisse bejagt man heute auch die jungen Altersklassen ohne grosse Jagdtrophäen, was früher verpönt war. Jagd hat auch etwas zu tun mit Überlegungen zum Nutzen und Schaden einer Tierart. Solche Abwägungen sind nie gefeit vor Fehlurteilen und immer geprägt durch die jeweilige Zeit. Natürlich besitzen Gämsen so gesehen selbst einen gewissen wirtschaftlichen Wert. Wahrscheinlich wird heute noch ihr touristischer Nutzen unterschätzt, zumal sie ausserhalb der Alpen spärlich sind.**

Oben: **Man sieht von links nach rechts eine Geiss, ein Kitz und einen Bockjährling. Zeigt das Kitz Paarungsbereitschaft, wie die leichte Körperabsenkung hinten vermuten lässt? Kaum! Kitze sind nur in ganz grossen Ausnahmefällen geschlechtsreif – in spärlich von Gämsen besiedelten Tieflagen. In den Bergen müsste sich die Jagdverwaltung die Frage gefallen lassen, ob Tiere im Übermass erlegt wurden. Dadurch wird die Geschlechtsreife vorverschoben. Jährlinge mit Kitzen wären nicht wünschenswert, weil ihr Überleben im Bergwinter wohl unmöglich ist. Wer nun das Bild genauer betrachtet, erkennt ein harnendes Bockkitz, welches gleichzeitig an seiner Mutter riecht.**

Rechte Seite: **Tiere, Berglandschaft, erster Schnee und die Gämsbrunft faszinieren Erholung-Suchende. Trotzdem beobachtet selten jemand lange. Selbst die Zeit der Jäger ist knapp bemessen. Auch sie sind meist bestrebt, erlaubte Abschüsse rasch zu erledigen.**

mehr. Auch der Luchs muss mit 5% eingeplant werden (vgl. Haller 1992, bzw. Breitenmoser und Haller). Sogar der Steinadler ist nicht völlig vernachlässigbar. Eine mehrjährige 25%-Nutzung nur durch die Jagd kippt deshalb im Berglebensraum schnell auf die Seite der Überbejagung. Auch kommt hinzu, dass Luchse in kleinen, jagdlich übernutzen Beständen prozentual stärker ins Gewicht fallen: sinkt der Gämsbestand auf die Hälfte, sind es neu ungefähr 10%, die dem Luchs zugebilligt werden müssen. Der Luchsanteil erhöht sich weiter, wenn gleichzeitig die Rehbestände übernutzt werden. Zudem ist zu berücksichtigen, dass der Luchs seinen Anteil ungleichmässig verteilt «abholt», nämlich unterhalb der Waldgrenze. Dies wurde bisher meistens ausgeblendet. In einer Waldgämsenpopulation im Suldtal schätzte Martin Baumann (2000c) den Luchseinfluss während drei Jahren lokal auf 20%. Der Jagddruck erhöhte sich bei konstanter Abschusszahl gleichzeitig von 14 auf 44%! Der Luchs jagt im Wald, durch bessere Tarnmöglichkeiten begünstigt, besonders erfolgreich. Eigentlich stellt das schlecht an den Bergwinter angepasste und deshalb meist gefütterte Reh die Hauptbeute des Luchses dar. Erst bei kleinen Rehbeständen ist eine Umstellung des Luchses vom Reh auf die Gämse zu erwarten. Bei neuer oder verstärkter Luchspräsenz erhöhen Gämsen ihr Wachsamkeitsverhalten extrem, bewegen sich mehr und vermindern die Nahrungsaufnahme. Dies kann zu stressbedingten Todesfällen und Bestandeseinbrüchen führen. Die richtige jagdliche Massnahme an solchen Orten müsste zwangsläufig eine befristete jagdliche Schonung der Gämsen sein, sonst steigt der Luchseinfluss in jetzt kleinen Gämsbeständen noch viel stärker an.

Oben links: **In diesem Geissrudel aus mittlerer Höhenlage haben Mitte November erst wenige Gämsen ein dunkles Winterfell. In der Tendenz gilt, dass Tiere in besonders guter Körperverfassung den Haarwechsel zuerst abschliessen. Das wissen auch die Jäger. In der Jagdpraxis allerdings spielt dieses Wissen nur eine untergeordnete Rolle. Im Übrigen bestehen je nach Meereshöhe und Wetterverhältnissen grosse Unterschiede.**

Rechte Seite: **Unter den Hufschalen des linken Hinterfusses ragen bei einer kitzführenden Geiss Ende Mai die vier Euterzitzen deutlich aus den dichten Winterhaaren. Der Jäger muss aber nicht die Zitzen beurteilen, er muss prüfen, ob zwischen den Hinterbeinen ein walzenförmiges, breites Pölsterchen (Euter) vorhanden ist. Er muss diese Überprüfung zwingend vornehmen, wenn es um den Abschuss einzelner Geissen geht. Obwohl Jungtiere im Winter nicht mehr saugen können, nimmt man an, dass verwaiste Kitze strenge Winter nicht überleben. Kitze halten sich zwar mit zunehmendem(!) Alter und auf der Flucht immer besser in unmittelbarer Nähe der Mutter auf. Fehlabschüsse zeigen aber, dass das Euter vorher trotzdem kontrolliert werden muss.**

Oben rechts: **Zu sehen sind unten die etwas grösseren, hinteren Zitzen, oben das vordere Zitzenpaar.**

Man sollte aus genetischer Sicht auch kurzfristige Überbejagung ernst nehmen (Miller 1988)! Ein guter Indikator für Überbejagung ist ein stetig sinkendes Durchschnittsalter bei den erlegten Böcken ab zwei Jahren.
Gute Jagdvorschriften berücksichtigen biologische Erkenntnisse, indem eine ähnliche Wirkung wie durch die Winterhärte angestrebt wird. Mittlere Altersklassen möchte man eher schonen und die Böcke nicht überdurchschnittlich stark bejagen, obwohl gerade Luchs und Wolf Letzteres mindestens teilweise zu tun scheinen (vgl. Jobin 1999, Poulle). Die jagdliche Rücksichtnahme auf die Alterszusammensetzung eines Gämsbestandes liegt allerdings auch im Interesse der Jäger, indem so eine der Grundvoraussetzungen für eine maximale Nachwuchszahl in einem Gämsbestand gegeben ist. Naturnahe Geschlechterverhältnisse liegen für Tiere ab 2 Jahren etwa bei 1:1,9 (ein Bock auf 1,9 Geissen). Umgerechnet auf alle Tiere ergibt sich ein theoretisches Geschlechterverhältnis von annähernd 1:1,5. Allerdings erfüllt selbst das Augstmatthorngebiet, von wo diese Werte stammen, die Kriterien fehlender Jagd nicht ganz: Zur Zeit von Krämer betrug der Jagddruck von Wildhut und Ab-

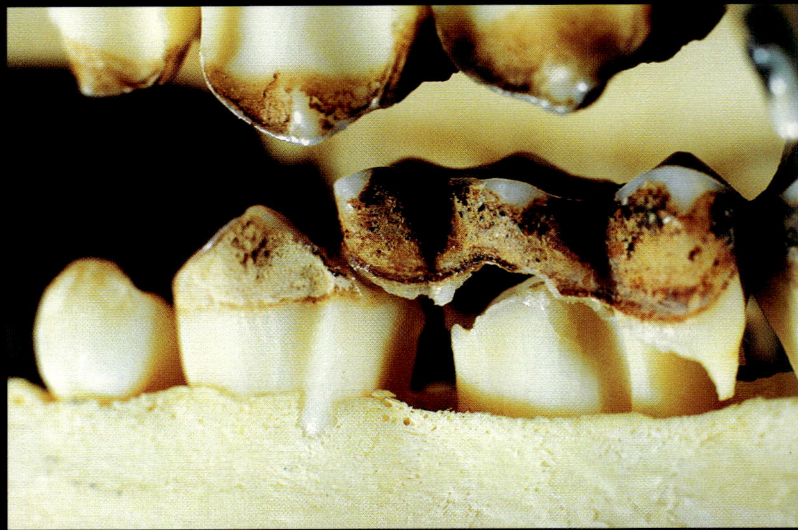

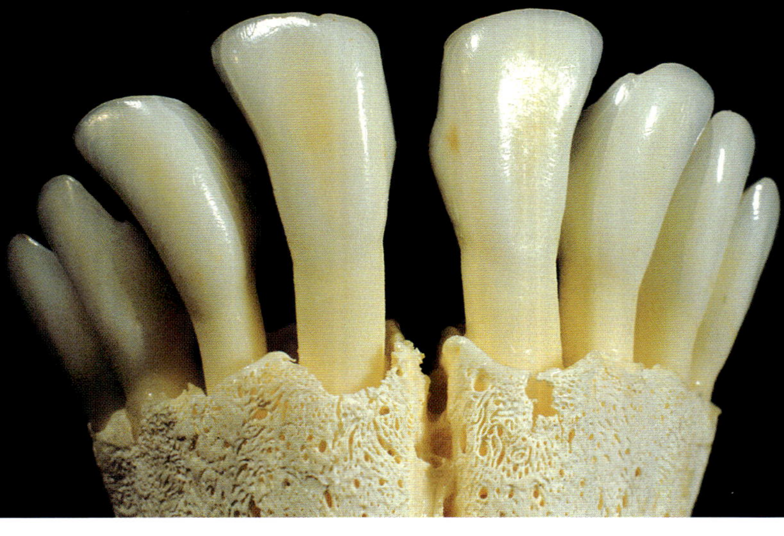

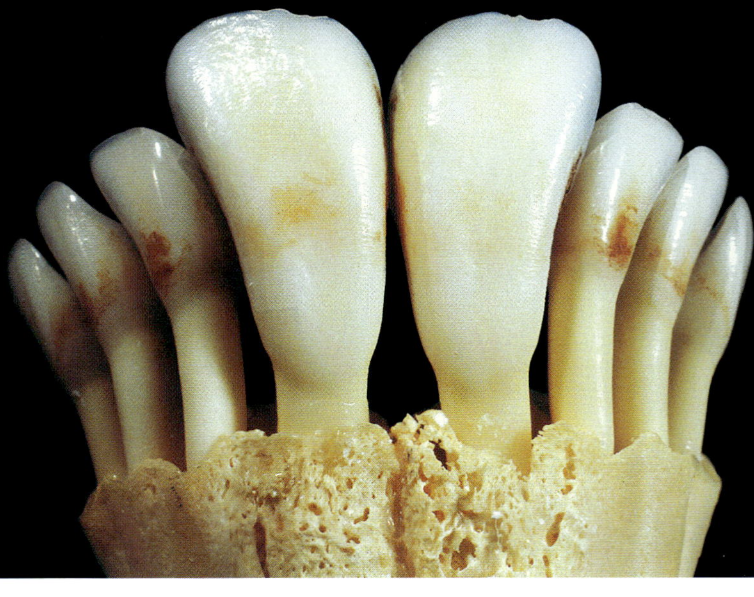

Untere Reihe: **Die Altersbestimmung erfolgt zwar an den Hörnern. Oft sind aber die Jahrringe der ersten Jahre mit mehr Unsicherheiten behaftet als diejenigen der späteren Jahre. Deswegen beurteilen Wildhüter auch den Wechsel der Schneide- und Eckzähne – den Ausschaufelungsgrad zum Dauergebiss. Auf dem Bild sind von links nach rechts die unterscheidbaren Stufen und ihr Alter angegeben: *Bei Kitzen* enthält das Milchgebiss noch keine Schaufeln. *Bei Jährlingen* sind im Herbst fast immer zwei Schaufeln vorhanden (mit ca. 16 Monaten). *Zweijährige* haben im Herbst normalerweise vier Schaufeln (mit ca. 27 Monaten). *Bei Dreijährigen* sind im Herbst meistens schon alle acht Schaufeln vorhanden oder die beiden letzten noch am Durchbrechen.**

Linke Seite oben: **Der dritte Prämolar des Unterkiefers ist im Milchgebiss dreiteilig und im Dauergebiss zweiteilig. Er wird ungefähr im Alter von 28 Monaten gewechselt und bietet damit ebenfalls einen praxistauglichen Anhaltspunkt zur Vermeidung von Fehlern bei der Altersbestimmung junger Gämsen. Auf dem Bild sieht man sowohl den dreiteiligen Milchzahn als auch seinen zweiteiligen Ersatzzahn.**

schüssen an der Banngebietsgrenze gegen 7% (heute ist er wesentlich höher). Forderungen nach noch ausgeglichenerem Geschlechterverhältnis sollten nicht überbewertet werden: in kleinsten Gämsvorkommen am Rande des Verbreitungsgebietes duldet der einzige Bock gar keinen Nebenbuhler; die übrigen Böcke wandern ab. Auch im Hauptverbreitungsgebiet der Gämse scheinen Böcke das Geschlechterverhältnis durch Abwanderung ohne entsprechende Neuzuwanderung selbst zu verändern. Hinzu kommt die im Vergleich zu den Geissen geringere Lebenserwartung der Böcke. Zudem sind die Hauptböcke der grossen Novemberrudel anscheinend sogar dann deutlich jünger als 10-jährig, wenn ältere Böcke vorhanden sind. Des Weitern haben lange Paarungszeiten i.d.R. nichts mit dem Fehlen von Böcken zu tun.

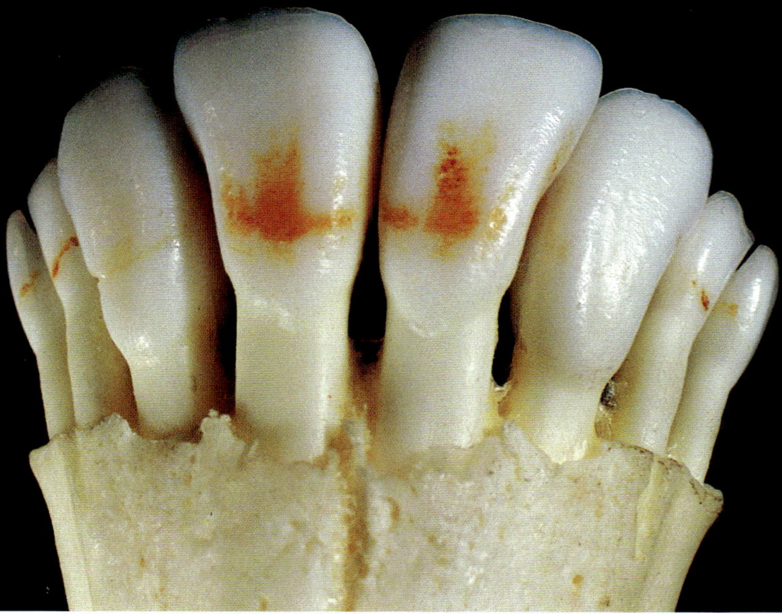

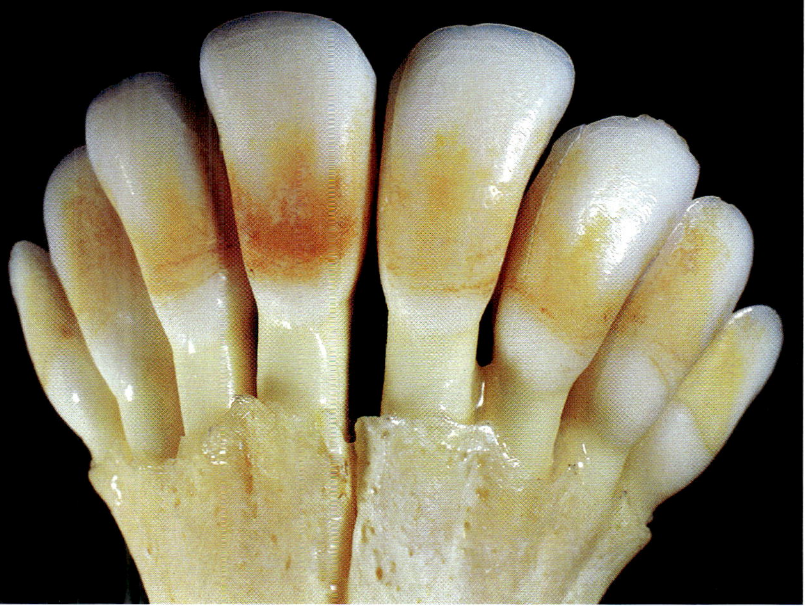

Gämsen müssen zwingend mit der Kugel geschossen werden. Schrot oder der Einsatz frei laufender Hunde ist heute nirgends mehr erlaubt. Die meisten Kantone geben 1–3 Gämsen pro Jäger zur Jagd frei, das Wallis bis 4 und der Kanton Graubünden inklusive des Hegekontingents maximal 5 Gämsen. Diese Gämsen müssen i.d.R. aus bestimmten Kategorien stammen. Die wichtigsten Kategorien sind Geissen, Böcke und Jährlinge. Manchmal werden die Kategorien mit bestimmten Höhengrenzen verknüpft. Im Kanton Graubünden muss der Jäger heute zuerst eine Geiss schiessen, bevor er auf den Bock jagen darf. Die Jagdbehörden versuchen mit weiteren Bestimmungen, die Abschusszahlen entsprechend dem örtlichen Wildbestand zu steuern. Gämsgeissen mit Kitz und das Kitz waren bis vor kurzer Zeit in der ganzen Schweiz geschützt. Heute bejagt z.B. der Kanton St. Gallen die Kitze. Auf der Gämsjagd wurden trotz Schutz jährlich lange 20–30% milchtragende Geissen erlegt, die praktisch immer ein verwaistes Kitz hinterliessen (abgeleitet aus Brüllhardt, bzw. nach Geiser). Das Schicksal verwaister Kitze ist bisher nicht untersucht. Man nimmt an, dass sie harte Winter nicht überstehen. Die Jagdverwaltungen waren bemüht, Verbesserungen zu erzielen. Heute liegen die Zahlen offiziell unter 10% milchtragende Geissen (im Kanton Bern) oder sogar unter 3% (im Kanton Graubünden). Im Kanton Bern trägt vielleicht auch der Luchs zu besseren Zahlen bei: Die Jäger gehen davon aus, dass ihm verhältnismässig viele Kitze zum Opfer fallen, deren Mütter dadurch im Herbst jagdbar werden und keine Milch mehr haben. Heinrich Haller (1992) fand im Turtmanntal unter 42 Luchsgämsen vorwiegend aus dem Winter 15 Kitze und vermutete eine Zeit lang 75% Kitzausfall durch die Luchse (beschrieben im Kapitel Winter). Ausserhalb der Schweiz werden Geissen mit Kitz oder Kitze meist schon seit vielen Jahren bejagt. Kitze haben eine kleine Winterüberlebenschance, Jährlinge eine hohe. Dies ist das Hauptargument, um an Stelle des Jährlings das Kitz zu bejagen. Es stellt sich für den Gesetzgeber die Frage, ob nach dem Kitz auch seine Mutter erlegt werden darf, was ein ausgeglicheneres Geschlechter-Verhältnis bei den Abschüssen ermöglichte – andererseits zu vermehrter Trophäenjagd auch bei den Geissen führen könnte. Abschüsse junger Gämsen waren in früheren Zeiten verpönt, man blendete komplett aus, dass die Natur dort am stärksten reduziert. Erst um 1975 herum begann in der Schweiz die Bejagung des Jährlings. Man machte so aus der Not eine Tugend: andernfalls hätte man im Kanton Bern pro Jäger nur noch 2, anstatt 3 Gämsen zum Abschuss freigeben können – mit entsprechend nachlassendem Interesse der Jäger an der Jagd. Von der Biologie her sind aus heutiger Sicht kaum Einwän-

de gegen hohe Abschüsse in der Jugendklasse angebracht: weil an Stelle eines zweiten Bockes der Jährling trat, sank der enorme Jagddruck auf die Böcke. Die dringend nötige Erhöhung des Durchschnittsalters der Böcke konnte einigermassen erreicht werden. Biologisch bedauerlich (aber nicht so leicht zu umgehen) ist die selektive Bejagung der Geissen ohne Kitz (Galtgeissen), die in einem kitzlosen Jahr jeweils auftanken könnten. Galt sein ist bei Gämsen bis ins hohe Alter kein Dauerzustand. Man betreibt damit seit langer Zeit konsequent und überall Selektion auf eine hohe Vermehrungsrate. Die Jagd auf den brunftigen Gämsbock, wo sie erlaubt ist, wird heute zunehmend von Jägern selbst in Frage gestellt. Auch der Einsatz von Niederlaufhunden für die Reh- oder Schneehasenjagd kann die Gämsbrunft beträchtlich stören. Die Jägerschaft wird überhaupt alle durch die Jagd verursachten Störungen gut im Auge behalten müssen: Bei uns wurden Gewichtsverluste wegen eingeschränkter Nahrungsaufnahme und vermehrter Bewegung während der Jagd bisher kaum diskutiert, aber sie finden wahrscheinlich statt (vgl. Hüppop). Deshalb ist die Beschränkung der effektiven Jagdtage auf ein absolutes Minimum eine der besten Schonmethoden für das Wild. Auch Jauchzer unmittelbar nach dem Abschuss gehören in die Kategorie der Fehler: Gämsen bringen den Schuss dann sofort mit uns Menschen in Verbindung. Schnidrig-Petrig (1998) beschreibt zudem ausführlich die schwierige Schiesstechnik im Gebirge, was «verhältnismässig oft» zu Fehlschüssen auf Gämsen führe. Auch hier trägt jeder einzelne Jäger in hohem Mass Verantwortung. Vielleicht bleibt in 100 Jahren als einziges befremdliches Jagddetail das gesamtschweizerische Verbot, Wild für die Jagd aus Schongebieten herauszulocken: während ein Kantonsgericht einen einzelnen Jäger büsst, legen die Jäger anderer Kantone allesamt entlang den Grenzen eidgenössischer Jagdschongebiete ihre künstlichen Salz-Abschusslecken an.

Die Rolle der Gämse im Wald wird wohl gewaltig überschätzt und hat sich mit dem Luchs ohnehin reduziert. Das gilt selbst für Gebiete, wo sich Gämsen über den Winter hinaus im Wald aufhalten oder von Menschen zeitweise in den Wald abgedrängt werden. Die meisten bisherigen Untersuchungen unterscheiden zu wenig zwischen den verschiedenen Tierarten (insbesondere zwischen Gämse und Reh oder Waldweide-Vieh). Gämsen verursachen nur Verbissschäden, keine Schälschäden (Rindenfrass), keine relevanten Schlagschäden (beim Hornen an Ästen) und selbstverständlich keine Fegeschäden

Oben: **Gämsen schälen (entrinden) keine Bäume: bei einer Neuschneemenge von annähernd einem Meter nahm ein Rudel mit diesem Kitz vorübergehend im Wald Zuflucht. Auf engstem Raum zusammengedrängt suchen sie an Baumstämmen Flechten oder fressen an herabhängenden Zweigen alter Fichten. Sobald die Sonne zurückkommt, verlassen sie den Wald wieder. Der Luchs sorgt heute dafür, dass Gämsen den Wald selbst im Winter wieder zu meiden lernen und über der Waldgrenze überwintern.**

Linke Seite: **Bis etwa 1980 traute man Gämsen überhaupt keine Schäden im Wald zu. Danach kippte die Meinung und bewirkte teilweise eine Überbejagung. Heute nimmt man wieder eher zur Kenntnis, dass Gämsen in vorhistorischen Zeiten steile Waldareale in Jura, Schwarzwald und Vogesen besiedelten, dort aber von den Menschen ausgerottet wurden.**

Oben links: **In vielen Regionen sind Gämsen nur im Winter im Wald. Zur Zeit der jungen, weichen Fichtentriebe im Frühsommer haben sie ihn bereits verlassen. Wo nicht, ist die übrige Vegetation im Normalfall so gut entwickelt, dass Gämsen wenig Interesse an einem Verbiss zeigen. Fichten schützen sich mit dem Gerbstoff Tannin vor dem Gefressen-Werden. Kleine Fichten dienen aber gelegentlich zum Markieren. Es ist sehr wohl möglich, dass der junge (zweijährige) Gämsbock sie deswegen beriecht – er hat sie nicht angeknabbert.**

Oben rechts: **Derart stark unter Gäms-Verbiss leidende Jungfichten mit pyramidenförmigem Wuchs (Pyramidenfichten) sind atypisch: Es handelt sich um das bekannte Beispiel aus Pra Spöl im Schweizerischen Nationalpark, wo an dieser Stelle Lärchenwald (ohne ältere Fichten) steht. Verbiss an Pyramidenfichten erfolgt im Sommer an den neuen Trieben. Im Winter bevorzugen Gämsen die weniger stacheligen Zweige alter Fichten – oder in ihrer Wuchskraft meist reduzierte, gepflanzte Jungfichten.**

Rechte Seite: **Aus Sämchen gekeimte Jungfichten sind normalerweise gegen Verbiss resistent: Nach jahrelangem Zuwachsen immer nur der inneren, nicht verbissenen Zweige, verdichten sich die Bäumchen dermassen, dass es nur eine Frage der Zeit bleibt, bis sie der Reichweite des Gämsmauls entwachsen. Auch abgefressene Wipfeltriebe verhindern diesen Prozess nicht. Natürliche Waldverjüngung beginnt häufig mit dichtem Himbeergestrüpp, in dessen Schutz heikle Baumarten hochkommen, obwohl Himbeerblätter beim Wild beliebt sind.**

(Hörner haben keine Basthaut, die abzufegen wäre). Verbiss muss sehr selektiv nach Baumart und Standort beurteilt werden: Verbiss an jungen Fichten übt höchstens einen wuchsverzögernden, wirtschaftlichen Einfluss aus und ist demnach nicht eigentlich ein ökologischer Schaden. Die Lärche scheint nicht verbissen zu werden, die Buche (wo überhaupt vorhanden) nur geringfügig. Die Legföhre und die Bergföhre sind wirtschaftlich bedeutungslos. Etwas anders verhält es sich in absoluten Schutzwäldern oder beim Jungwuchs von Weisstanne, Bergahorn, Esche, (Eibe?) und Vogelbeere, die aber mindestens in höheren Lagen wirtschaftlich uninteressant sind. Ökologisch betrachtet haben deswegen frühere Generationen von Waldbesitzern, Landwirten und Forstleuten wohl unbestritten mehr geschadet als alle Waldgämsen. Zudem besitzen Gämsen für die Jagd und den Tourismus auch einen wirtschaftlichen Wert. Vielleicht sollte man endlich wegkommen von der Unvereinbarkeitsvorstellung von Wald und Wild: Neuere Forschungsergebnisse (z.B. von Reimoser und Gossow) zeigen, wie naturnaher Waldbau das Verbissproblem selbst bei hoher Wilddichte umgehen kann durch lichtzugängliche, kraut- und strukturreiche Flächen. Im Übrigen muss eine solche Bewirtschaftung nicht einmal teurer sein. Der Verzicht auf Fichtenanpflanzungen kommt meist billiger und selber auskeimende Bäume (Naturverjüngungen) sind erst noch von kräftigerem Wuchs (vgl. Glutz). Im Schweizerischen Nationalpark betrachtet man seit neustem die Beziehung Wald und Wild unter umgekehrten Vorzeichen: Huftiere (v.a. der Rothirsch) wurden unter dem Aspekt beurteilt, ob sie das Zuwachsen von Waldlichtungen und Weiden mit Bäumen verhindern können. Das erstaunliche Ergebnis lautet: sie sind dazu nicht in der Lage – jedenfalls langfristig nicht (Schütz).
Wiederum eine andere Frage ist, ob im Frühjahr täglich 30 Gämsen auf guter Alpweide zu tolerieren sind. Eine Antwort hierauf könnte lauten: im Frühjahr dank der enormen Regenerationskraft des Grases, die primär vom Wetter abhängt. Aber im Sommer dann wohl lieber nicht mehr. Die beweidete Vegetation wird zwar im Frühling im Wuchs stärker zurückgeworfen als im Sommer, doch ist dieser Aspekt in den Bergen weniger entscheidend als im intensiven Kulturland. Auch die oft beschworene Abnahme der Krautpflanzen-Arten durch das Wild ist heute weitgehend vom Tisch. Immer mehr Bedeutung erlangt hingegen, ob man den Gämsen im Sommer genug Ausweichmöglichkeiten lässt oder sogar die mageren Gipfelweiden noch mit Schafen bestösst. Ferner werden Gämsen durch ungeschickt angelegte Salzlecken fürs Vieh nicht nur im Frühling herabgelockt, sondern auch im Sommer.

Um ausgedörrtes Gras überhaupt mit Energiegewinn nutzen zu können, braucht es spezielle Anpassungen im Verdauungsapparat. Wiederkäuermägen sind meistens entweder auf sommergrüne Krautnahrung oder auf faserreiches (Winter-)Gras eingestellt. Gämsen schaffen die jahreszeitengerechte Umstellung. Rehen fehlt die Anpassungsmöglichkeit an dürre Pflanzen und damit die Eignung für den Bergwinter; der Steinbock ist auf den Winter optimiert.

Eine Schluss-Wanderung

Einzelne Alpen-Gämsen stehen immer wieder vor «Gratwanderungs-Situationen», denen sie nicht gewachsen sind. Und doch ist die Alpen-Gämse als Tierart in ihrem Lebensraum und in ihrer Biologie höchst anpassungsfähig oder variabel – mit einem Wort: erfolgreich. Wir ziehen Bilanz und geben einen Ausblick.

Die Gämse ist ökologisch betrachtet im Alpenraum eine der wichtigsten Tierarten. Sie erreicht hier als einziger Grosssäuger eine fast flächendeckende Verbreitung und eine Dichte, die sie stellenweise zur zentralen Nahrungsgrundlage für Luchs und Steinadler macht. Ausserdem haben Gämsen auch für den Fuchs und möglicherweise für den Bartgeier eine nicht zu unterschätzende Bedeutung sowie für den Tourismus und die Jagd. Wie die besprochenen Räuber-Beute-Beispiele belegen, bestehen beträchtliche Unterschiede beim Luchseinfluss auf Gämsen. Während Luchse vielerorts über Jahre hinweg nicht wesentlich stärker ins Gewicht fallen als die Steinadler (vgl. Haller 1996), gibt es auch gegenteilige Beispiele. In der Schweiz ist der menschliche Jagddruck auf die Gämse besonders hoch und es wurde jagdlich oft zu wenig Rücksicht auf den Luchs genommen. Nach dem Erkennen des Problems war es meist schon zu spät für eine schnelle Korrektur und eine rasche Erholung der Wildbestände. Räuber-Beute-Beziehungen bleiben wegen ihrer Variabilität eine schwer durchschaubare Angelegenheit – belastet obendrein durch ein zwiespältiges Verhältnis zum Töten. Räuber-Beute-Beziehungen sind aber darüber hinaus erlebbare Ökologie – Beispiele wechselseitiger Abhängigkeit und Beeinflussung zwischen Arten und ihrer Umwelt. Räuber bewirken im Idealfall einen Ausgleich zwischen der Belastbarkeit der Pflanzendecke und der Anzahl der Pflanzenfresser und halten ihre Beute «fit»: Im Allgemeinen kommt der Einfluss eines Räubers seinen Beutetieren durch ein schwächer beanspruchtes Nahrungsangebot und bessere Kondition wieder zugute. Gämsen kennen allerdings auch beim Fehlen von Räubern und Jagd Regelmechanismen, die einen Bestand nicht unbegrenzt anwachsen lassen. Die Kitzsterblichkeit steigt bei grosser Gämsdichte mit zeitlicher Verzögerung einer Gämsgeneration sprunghaft an. Diesbezüglich unklar bleibt weiterhin der Beitrag der einzelnen Regelfaktoren: z.B. der Verknappung der bevorzugten Vegetation, der Konkurrenz um die Nahrung, der Zunahme von Parasiten oder von sozialen Auseinandersetzungen, die das Wohlbefinden beeinträchtigen. Es scheint, dass die Regelmechanismen lange vor einer Schädigung der Vegetation auf die Zahl der Gämsen einwirken.

Wir haben einleitend festgehalten, es gebe «die Gemse» nicht mehr. Eigentlich existiert nicht einmal «die Alpen-Gämse». Unterschiede in der Gämsdichte und in der Bejagung, oder auch unterschiedliche Meereshöhe, bewirken oft biologische Abweichungen zwischen Gämsen verschiedener Orte: Wir sind dieser Tatsache im Zusammenhang mit dem Zeitpunkt der Geschlechtsreife, der Dauer von Geburts- und Paarungszeiten, der Nachwuchsrate, der Sterblichkeit, aber auch der Fluchtdistanz begegnet. Jedenfalls erschweren solche Unterschiede die Gämsforschung und damit den Überblick über das Leben der Gämse. Weil oft nicht einmal jeder dieser Faktoren eindeutig «messbar» ist, waren während Jahrzehnten sogar örtliche Abweichungen um-

Links: **Der Sprung über dieses Rinnsal von Bach wirkt etwas übertrieben, ist aber nicht untypisch: Bäche werden gerne auf diese Art gemeistert, dürften jedoch gerade deswegen gelegentlich als Todesfallen funktionieren.**

Unten: **Solche Bilder entstehen gewöhnlich nur mit absichtlich aufgeschreckten Wildtieren. Auch Gämsen überspringen Drahtzäune sonst kaum, sondern schlüpfen zwischen den Drähten durch und sparen damit Energie. Der abgebildete Hauptbock hat während der Paarungszeit einen freiwilligen Hochsprung hangaufwärts gemacht. Maschenzäune, insbesondere elektrische, sind für Wildtiere gefährlicher als Drahtzäune. Wenn damit im Waldgrenzenbereich Schafe vor Luchs oder Wolf geschützt werden sollen, entstehen für Gämsen neue Todesfallen.**

stritten und ihre Gründe ohnehin. Vieles konnte erst mit neuen technischen Hilfsmitteln wie Peilsendern erforscht werden. Trotzdem erstaunt es, dass bis zur Arbeit von Krämer (1969) niemand das Verhalten der Gämse zuverlässig umfassend untersuchte. Die Verhaltensforschung begann erst zu dieser Zeit, sich wegzuentwickeln von einem Deuteln und Mutmassen über Verhaltensweisen hin zum statistischen Prüfen beobachtbarer Zusammenhänge. Von Beobachtungen und Hypothesen ausgehend versucht man heute in der Biologie, alles irgendwie auf Modellvorstellungen und damit auf einen theoretischen Rahmen zurückzuführen. Das einzelne Tier erscheint dann vielfach in einem sehr egoistischen Licht, immer Vorteile und Nutzen in einem Überlebenskampf suchend. Eine der Hauptmaximen von Wildtieren müsste demnach ganz zuerst das eigene Körperwachstum sein (der Selbstaufbau), dann die Selbsterhaltung und die Selbstvermehrung. Ein Tier sollte also sein Erbgut an möglichst viele überlebensfähige Nachkommen weitergeben. Man mag sich gegen ein solch «mechani(st.)sches» Weltbild innerlich zur Wehr setzen, wegbeweisen lässt es sich trotzdem kaum. Auch das Wort «Gratwanderung» im Untertitel des Buches ist so zu sehen: Berggräte spielen eine wichtige Rolle im Leben der Gämsen. Aber letztlich ist im Berglebensraum ihr Leben selbst eine Gratwanderung. Hohe Investitionen in die nächste Gämsgeneration bringen Geissen und Böcke öfters an die Grenzen ihrer Möglichkeiten oder sogar aus dem Gleichgewicht. Böcke verbrauchen in der Paarungszeit häufig ihre gesamten Fettvorräte. Für Geissen beginnen die Reserven mit dem Ende der Tragzeit und mit einsetzender Säugezeit knapp zu werden, zumal zum Schutze der kleinen Kitze die nahrungsreichsten Gebiete mit kargen Steilhängen vertauscht werden und nachher noch die Fettdepots für den nächsten Winter zu erneuern sind. In dieser Situation bietet das gruppenweise Hüten von kleinen Kitzen durch einzelne Geissen den Müttern die Gelegenheit, sich intensiver oder an besseren Orten der Nahrungsaufnahme zu widmen. Voraussetzung dazu ist aber wohl, dass die Kitze ungefähr zur selben Zeit geboren werden. Geissen mit Kitzen, die von Milch auf Pflanzennahrung umstellen, haben weniger Interesse am Hüten, weil ihnen ihr Kitz jetzt fast überallhin nachfolgt. In Gebieten mit hoher Gämsdichte fallen viele späte Geburten auf. Kitze haben es an solchen Orten schwerer zu überleben. Hingegen steigt hier die Lebenserwartung der erwachsenen Gämsen, obwohl ihr Gewicht tendenziell sinkt. Somit treffen auch Gämsen in unbejagten Gebieten (dort steigt die Gämsdichte) nicht auf paradiesische Verhältnisse und müssen auch ihre Gratwanderungen absolvieren. Will eine erwachsene Gämse den Härten des Berglebensraumes in einen tiefer gelegenen Waldlebensraum ausweichen, so begegnet sie heute in diesem Biotop vermehrt wieder dem Luchs oder sogar dem Wolf und begibt sich damit auf eine andere, aber oft noch schwierigere Gratwanderung mit einer jährlichen Überlebenswahrscheinlichkeit von z.B. nur 77% statt 92% (M. Baumann 2000c). Also doch besser hoch oben bleiben

Mitte: **Dieser Bock ist an exponierter Stelle im Schnee weitherum bestens sichtbar: In der Paarungszeit geht es den starken Böcken um Sehen und Gesehen-Werden. Trotzdem ist ein dunkles Winterfell im reich strukturierten und fleckig aperen Lebensraum praktisch eine ebenso gute Tarnung wie ein weisses Fell und nimmt im Übrigen die wärmenden Strahlen der Wintersonne besser auf. Fellfarben sind oft stärker von energetischen Gesichtspunkten her bestimmt als von Aspekten der Tarnung.**

Linke Seite: **Gämshörner werden selten grösser als bei diesem schönen Bock, sind aber trotzdem (und ungeachtet ihrer starken Krümmung) eine erstklassige Abwehrwaffe gegen Steinadler und andere Feinde, welche die spitzen Hornenden zu fürchten haben.**

Rechts: **Gämsen scharen sich gerne in grossen Rudeln auf kleinen Flächen. Daneben bleiben riesige Gebiete fast gämsleer. Luchse bewirken nicht unbedingt eine stärkere Verteilung, scheinen Gämsen aber wenigstens lokal über die Waldgrenze hinaufzudrängen.**

Links: **Der Mensch auf Gratwanderung: Steigt der Erholungsdruck auf die Berglebensräume weiter an oder müssen Alpweiden längerfristig aus Rentabilitätsgründen sich selbst überlassen werden? Was wären die Folgen für die Gämse?**

Seite 136: **Licht und Schatten – Hitze oder Kälte. Wie sieht das Klima der Zukunft aus? Was mag es den Gämsen bringen?**
Gämsen haben mehrere Eiszeiten überlebt. Sie mögen die Hitze nicht. Aber vor der Hitze können sie notfalls in den Wald ausweichen, der schon heute in tiefen Lagen hervorragende Ernährungsmöglichkeiten bietet. Deshalb müssen Gämsen, solange auf der Erde höheres Leben möglich ist, allerhöchstens uns Menschen fürchten.

im Winter, wo steile Südhänge eine magere, lawinengefährdete Weide bieten und Steinadler das ihrige zur Gratwanderung beitragen?
Die Sache scheint eindeutig: Nullrisikolösungen für Gämsen gibt es nicht. Da jedoch Gämsen ohnehin eine verhältnismässig geringe Lebenserwartung haben, ist das Gratwanderungsmotto auch ein bisschen eine Übertreibung und blendet den wichtigsten Todesfaktor, die Jagd, aus. Wildtiere sind grundsätzlich einer wesentlich höheren Überlebensselektion ausgesetzt als beispielsweise Menschen europäischer Länder. Ihre kurzen Generationszeiten bieten dafür den Vorteil, das Erbgut notfalls schneller an sich ändernde Umweltverhältnisse anpassen zu können als der Mensch. Nur entscheiden auf absehbare Zeit letztlich wohl trotzdem wir Menschen über das Schicksal von Tieren und Pflanzen: Arten, die sich mit uns nicht arrangieren können, dürften es weiterhin schwer haben.
Auch die Gämsen wären ohne Reglementierung der Jagd schnell ausgerottet. Heute macht ihnen die Kombination von strenger Bejagung und starker Gebietsbeanspruchung durch Freizeitaktivitäten zunehmend zu schaffen. Die benötigte Zeit zur Nahrungsaufnahme ist gewaltig. Die Abfolge von Weidegang und Wiederkäuen lässt wenig Spielraum: auch ohne Störungen müssen Gämsen die Nachtstunden fast vollständig in diesen Ernährungsrhythmus einbeziehen. Umgekehrt weiss niemand, ob der Druck auf die Berglebensräume weiterhin stetig zunimmt. In einer globalisierten Welt mit steigendem Rentabilitätszwang könnte auch das Umgekehrte eintreffen. Dies würde heissen, die Berggebiete zu Gunsten einer Konzentration der Marktkräfte aufzugeben. Wirtschaftsfachleute bezeichnen nicht nur die Berglandwirtschaft, die Bergforstwirtschaft (und die Jagd ohnehin) als Branchen mit geringer Wertschöpfung, sondern auch den Tourismus. Heute kämpfen viele Berg-Infrastruktureinrichtungen ums Überleben, morgen ist es vielleicht die Bergbevölkerung. Ein wirtschaftlich erzwungener Rückzug der Menschen aus den Bergen und die damit verbundene Verwaldung brächte den Gämsen längerfristig in ihrem heutigen Verbreitungsgebiet vermutlich keine Vorteile – insbesondere, wenn dieser Rückzug von einer Klimaerwärmung mit vorerst steigender Waldgrenze begleitet ist. Es würde wohl nicht jeder neue Bergwald eine geeignete Nahrungsbasis bieten, der dies heute als alpiner Rasen tut. Zu rechnen wäre im Weitern mit einer Zunahme von Regenfällen und von Mücken und Fliegen selbst in höheren Lagen sowie wahrscheinlich mit der Ausbreitung «südlicher» Krankheitserreger. Um die Zukunft der Gämsen braucht es uns nicht bange zu sein: Gämsen lieben zwar die Hitze nicht, vermöchten aber in tropischen Wäldern oder eiskalten Gipfelweiden jedes Klima zu überdauern.
Verlag und Autor wünschen Ihnen beim stillen Geniessen von Bergwelt und Gämsen viele schöne Erlebnisse!

Im Text erwähnte Literatur:

Albrecht L (1988): Zur Habituation von Gemsen an den Menschen. Diplomarbeit, Uni Zürich, 47p • **Baumann M (1993)**: Dominance, resource competition and differential reproductive success within a female home-range group of Alpine chamois. Diploma thesis, Uni Bern, 102p • **Baumann M, Babotai C et al (2000a)**: Waldgemsen im Neolithikum der Schweiz. In: Waldgemsen (Baumann, Wildark), 32p • **Baumann M, Struch M et al (2000b)**: Habitatselektion von Waldgemsen. In: Waldgemsen (Baumann, Wildark), 83p • **Baumann M, Struch M et al (2000c)**: Habitatspezifisches Überleben von Gemsgeissen. In: Waldgemsen (Baumann, Wildark), 21p • **Blaupot ten Cate SJ (1970)**: Über den makroskopischen Aufbau der Gamskrucke. Zeitschrift für Jagdwissenschaft 16(4), 141–150 • **Blaupot ten Cate SJ (1972)**: Zum Bau der Gamskrucke (Duplik). Zeitschrift für Jagdwissenschaft 18, 1–5 • **Boschi C (1999)**: Raumnutzung weiblicher und männlicher Gemsen im Gebiet Il Fuorn [Schweizerischer Nationalpark]. Diplomarbeit, Uni Zürich, 99p • **Breitenmoser U und Haller H (1987)**: Zur Nahrungsökologie des Luchses in den schweizerischen Nordalpen. Zeitschrift für Säugetierkunde 52, 168–191 • **Breitenmoser U et al (1998)**: Luchs und Schafe in den Nordwestalpen. Informationen zum Projekt 1/98 (BUWAL), 8p • **Brüllhardt H (1981)**: Zur jagdlichen Beeinflussung und zur Altersstruktur von Gemspopulationen im Berner Oberland. Dissertation, Uni Bern, 164p • **Couilloud F, Jullien JM et al (1999)**: Le poids des chevreaux en automne: un bioindicateur utilisable pour suivre l'evolution d'une population de chamois. Gibier, Faune Sauvage 16(3), 273–287 • **Couturier MAJ (1938)**: Le chamois. Edition Arthaud, Grenoble, 857p • **Ferrario G (1980)**: Abitudini trofiche e biologia riproduttiva dell' aquila reale nelle Alpi Centrali. Diploma Thesis, Univ. di Milano • **Filli F (1995)**: Projekt zur Untersuchung der Populationsbiologie der Gemse im Schweizerischen Nationalpark. Ornithologischer Beobachter 92(3), 251–252 • **Gander H (1994)**: Eine vergleichende Untersuchung zur Reaktion von Gemsböcken auf Wanderer, Jogger und Mountainbiker. Diplomarbeit, Uni Bern, 41p • **Geiser F (1980)**: Zur Fortpflanzungsbiologie der Gemse in den Berner Alpen und angrenzenden Gebieten. Jahrbuch Naturhistorisches Museum Bern Bd. 7 (1978–1980), 70p • **Glutz von Blotzheim UN (2001)**: Zur Entwicklung der Avifauna auf Sturmwurfflächen im Tannen-Buchenwaldareal am Schwyzer Nordalpenrand. Ornithologischer Beobachter 98(2), 81–112 • **Hauri R (1960)**: Zum Vorkommen der Gemse ausserhalb des Alpengebietes. Schweizer Naturschutz 26(4), 103–108 • **Haller H (1992)**: Zur Ökologie des Luchses im Verlauf seiner Wiederansiedlung in den Walliser Alpen. Habilitationsschrift, Mammalia depicta 15, 62p • **Haller H (1996)**: Der Steinadler in Graubünden: Langfristige Untersuchungen zur Populationsbiologie im Zentrum der Alpen. Ornithologischer Beobachter, Beiheft 9, 167p • **Hamr J (1984)**: Individuelle Streifgebiet-Grösse beim männlichen Gamswild in einer Nordtiroler Population. In: Alpine Umweltprobleme, Achenkirch, XV, 39–58 • **Hamr J und Czakert H (1986)**: Circadian activity rhythms of chamois in Northern Tirol, Austria. Northern Wildsheep and Goat Council Symposium, Missoula, 178–191 • **Houssin H, Loison A et al (1993)**: Participation à la reproduction des femelles de chamois en fonction de leur âge dans une population alpine chassée. Gibier, Faune Sauvage 10, 39–45 • **Hüppop O (1995)**: Störungsbewertung anhand physiologischer Parameter. Ornithologischer Beobachter 92(3), 257–268 • **Ingold P, Pfister U et al (1998)**: Pattern of activity in Alpine chamois during winter. Zeitschrift für Säugetierkunde 63(3), 183–185 • **Jenny D (1992)**: Bruterfolg und Bestandesregulation einer alpinen Population des Steinadlers. Ornithologischer Beobachter 89(1), 1–43 • **Jobin A, Molinari P et al (1999)**: Juraluchse reissen mehr Böcke als Geissen. KORA Info (3), 8 • **Jobin A, Molinari P et al (2000)**: Prey spectrum, prey preference and consumption rates of Eurasian lynx in the Swiss Jura Mountains. Acta Theriologica 45(2), 243–252 • **Keller FC (1887)**: Die Gemse. Leon, Klagenfurt • **Kendrick KM, Da Costa AP et al (2001)**: Sheep don't forget a face. Science 414, 165–166 • **Krämer A** (1969): Soziale Organisation und Sozialverhalten einer Gemspopulation in den Alpen. Zeitschrift für Tierpsychologie 26(8), 889–964 • **Lande R, Engen S et al (2002)**: Estimating density dependence from population time series using demographic theory and life-history data. The American Naturalist 159(4), 321–337 • **Locati M und Gentile L (1991)**: A case of combat mortality between female chamois (R. pyrenaica). 1st Nazl. Biol. Selvaggina 19, 665–666 • **Loison A, Gaillard JM et al (1994)**: New insight on survivorship of female chamois from observation of marked animals. Can. J. Zool. 72, 591–597 • **Loison A, Jullien J-M et al (1999)**: Subpopulation structure and dispersal in two populations of chamois. Journal of Mammalogy 80(2), 620–632 • **Lovari S und Locati M (1991)**: Temporal relationships, transitions and structure of behavioural repertoire in male Apennine chamois during the rut. Behaviour 119(1/2), 77–103 • **Meile P und Bubenik A (1979)**: Zur Bedeutung sozialer Auslöser für das Sozialverhalten der Gemse. Säugetierkundliche Mitteilungen 27 (Sonderheft), 42p • **Miller C (1987)**: Populationsgenetische Untersuchungen an der Alpengams. Diss. Uni München, 277p • **Miller C (1988)**: Genetische Differenzierung von Gamskolonien. CIC Gamswildsymposium Ljubljana, 71–86 • **Mucci N, Randi E et al (1998)**: Mitochondrial cytochrome B sequence divergence among Spanish, Alpine and Abruzzo chamois (genius Rupicapra). Hystrix 10(2), 29–36 • **Nascetti G, Lovari S et al (1985)**: Revision of Rupicapra genus 3. Electrophoretic studies demonstrating species distinction of chamois population of the Alps from those of the Apennines and Pyrenees. In: Lovari, the biol. and manag. of mountain ungulates, Croom Helm, Beckenham, 56–64 • **Poulle M-L, Houard T et al (1998)**: Prédation exerçée par le loup sur le moufflon et le chamois dans le massif du

Mercantour (sud-est de la France). Gibier, Faune Sauvage, Game Wildlife 15(3), 1149–1159 • **Reimoser F und Gossow H (1996)**: Impact of ungulates on forest vegetation and its dependence on silvicultural system. In: Ungulates in temperate forest ecosystems (Kuiters AT et al), Elsevier Amsterdam, 107–119 • **Rossi A (1986)**: Einfluss des Verbisses freilebender Huftiere auf einzelne alpine Pflanzenarten. Diplomarbeit, ETH Zürich, 88p • **Ruckstuhl K (1992)**: Aspekte der Mutter-Kind Beziehung bei Gemsen und deren Beeinflussung durch Wanderer. Diplomarbeit, Uni Bern, 68p • **Ruckstuhl KE und Ingold P (1998)**: Baby-sitting in chamois: a form of coopera-tion in females? Mammalia 62(1), 125–128 • **Salzmann HC (1975)**: Die Geschichte der Gemsen im schweizerischen Jura. Mitt. Naturf. Ges. Bern 32, 15–35 • **Salzmann HC (1977)**: Untersuchungen zur Fortpflanzungsbiologie der Gemsen im Schweizerischen Jura. Zeitschrift für Säugetierkunde 42, 180–189 • **Schnidrig-Petrig R und Salm U-P (1998)**: Die Gemse: Biologie und Jagd. Salm Verlag, Bern, 176p • **Schröder W (1971)**: Untersuchungen zur Ökologie des Gamswildes in einem Vorkommen der Alpen. Zeitschrift für Jagdwissenschaft 17(3–4), 114–168 und 197–235 • **Schütz M, Krüsi BO et al (2000)**: Sukzessionsforschung im Schweizerischen Nationalpark. Eidgenössische Forschungsanstalt WSL (89), 255p • **Shackleton DM (1997)**: Status survey and conservation action plan for Caprinae. IUCN/SSC Caprinae specialist group, Gland and Cambridge, 390p • **Speck A (1973)**: Setzakt bei Gamsgeiss «Trine». Schweizer Jäger 58(12), 382 • **Vaucher CA (1988)**: Contribution à l'étude éco-éthologique du chamois au Mont Salève (Haute Savoie) Thèse Univ Nancy, 501p • **von Hardenberg A, Bassano B et al (2000)**: Male Alpine chamois occupy territories at hotspots before the mating season. Ethology 106, 617–630 • **Zuber M (1977)**: Zum Raum-Zeit-Tätigkeitssystem der Gemse im Berner Tierpark. Diplomarbeit, Uni Bern, 77p.

Im Text nicht erwähnte Literatur:

Bäbler R (2001): Beeinflussen Jagd und Tourismus die Reaktionsempfindlichkeit von Gämsen? Diplomarbeit, Uni Bern • **Bauer JJ (1988)**: Merkmale und Grenzen von Erntemodellen für europäische Gemsbestände – Bejagung, Bestandesstruktur und Fitness. CIC Gamswildsymposium Ljubljana, 367–378 • **Bauer JJ und Pflieger R (1988)**: Management der Vogesengemse. CIC Gamswildsymposium Ljubljana, 455–480 • **Baumann M, Struch M et al (2000)**: Gemsen und Wald – Empfehlungen zum Management. In: Waldgemsen (Baumann, Wildark), 24p • **Baumann M und Struch M (2000)**: Waldgemsen. Wildbiolgie 6(31), 20p • **Baumann M und Struch M (2001)**: Wildtiermanagement am Beispiel von Waldgemsen. Wildtierbiologie 3, 23p • **Blankenhorn HJ (1997)**: Wandert die Gemsräude aus Osten ein? Bündner Jäger 12, 483–485 • **Blankenhorn HJ und Schnidrig-Petrig R (1994)**: Zur Bejagung des Gemswildes in der Schweiz am Beispiel des Kantons Glarus. Schweizer Jäger 79(16), 11–18 • **Blaupot ten Cate SJ (1971)**: Über den Jagddruck. Schweizer Jäger 56(15), 513–519 • **Blaupot ten Cate SJ (1972)**: Jagdwirtschaftliche und jagdpolitische Aspekte der Schweizerischen Gemsjagd. Schweizer Jäger 57(9), 301–309 • **Briedermann L (1987)**: Die Gemse des Elbesandsteingebietes. Die Neue Brehm-Bücherei 493, 2. Aufl., 122p • **Broggi M (1995)**: Huftiere, Walddynamik und Landschaftsentwicklung im [Schweizerischen] Nationalpark. Cratschla 3(2), 26–32 • **Capurro AF, Gatto M et al (1997)**: Delayed and inverse densitiy dependence in a chamois population of the Italian Alps. Ecography 20(1), 37–47 • **Catusse M (2000)**: Les prélèvements d'ongulés de montagne en France à la fin des années 90. Faune sauvage 251, 212–215 • **Cederna A und Lovari S (1983)**: Behavioural interactions between tourists and Abruzzo chamois. Eight Meet. Ital. Soc. Stud. Anim. Behav., 184–185 • **Deutz A und Gressmann G (2001)**: Gams- und Steinwild (Biologie, Krankheiten, Jagdpraxis). Leopold Stocker Verlag, Graz und Stuttgart • **Dunant F (1977)**: Le régime alimentaire du chamois des Alpes: contribution personelle et synthèses des données actuelles sur les plantes broutées. Revue suisse de Zool. 84(4), 883–903 • **Elsner I (1982)**: Überleben im Hochgebirge: eine Studie zur Raumnutzung von Gams. Zeitschrift für Jagdwissenschaft 28, 18–30 • **Elsner-Schack I (1985)**: What is a good chamois habitat? In: The biology and management of mountain ungulates (Lovari), Croom Helm, London, 71–77 • **Engst T (1994)**: Gemse und Gleitschirmfliegen am Hochgrat (Oberallgäu). Diplomarbeit Uni Tübingen, 48p • **Gander H und Ingold P (1995)**: Verhalten von Gemsböcken gegenüber Wanderern, Joggern und Mountainbikefahrern. Ornithologischer Beobachter 92(3), 241–243 • **Haller H (1982)**: Raumorganisation und Dynamik einer Population des Steinadlers in den Zentralalpen. Ornithologischer Beobachter 79(3), 163–211 • **Haller H (1996)**: Die Wald-Wild-Problematik aus der Sicht des Wildbiologen. Wildbiologie 12/6, 14p • **Hamr J (1985)**: Seasonal home range size and utilization by female chamois in northern Tyrol. In: The biology and management of mountain ungulates (Lovari), Croom Helm,

London, 106–116 • **Hamr J (1988)**: Disturbance Behaviour of Chamois in an Alpine Tourist Area of Austria. Mountain Res. Dev. 8, 65–73 • **Hausser J (Ed) (1995)**: Säugetiere der Schweiz. Verbreitung, Biologie, Ökologie. Birkhäuser Verlag, Basel, 461–466 • **Hemmi M (1991)**: Äsverhalten und Äsungsdruck von Steinbock, Rothirsch und Gemse auf einer alpinen Weide im Schweizerischen Nationalpark. Diplomarbeit, Uni Zürich, 50p • **Hofmann A und Nievergelt B (1972)**: Das jahreszeitliche Verteilungsmuster und der Äsungsdruck von Alpensteinbock, Gemse, Rothirsch und Reh in einem Gebiet des Oberengadins. Zeitschrift für Jagdwissenschaft 18, 185–212 • **Hofmann H (1999)**: Erloschene Lichter [Gämsblindheit]. Naturf. Ges. Graubünden, Chur, 33p • **Hofmann RR (1978)**: Die Duftdrüsen der Haut in Signalorganen der Wildtiere. Jagd und Hege Ausbildungsbuch 1, St. Gallen, 19–25 • **Hofmann RR (1983)**: Evolutionäre und saisonbedingte Anpassung des Verdauungsapparates des Gamswildes. Jagd und Hege Ausbildungsbuch 6, St. Gallen, 85–93 • **Holzgang O (1998)**: Das Nahrungsangebot ehemaliger Weiden im [Schweizerischen] Nationalpark. Cratschla 2, 8–11 • **Jenny H (1984)**: Zur Winterökologie der Gemse in unterschiedlich vom Skitourismus beeinflussten Gebieten im Raume Grindelwald. Diplomarbeit, Uni Zürich, 97p • **Jobin A (1998)**: Predation patterns of Eurasian Lynx in the Swiss Jura Mountains. Diploma Thesis, Uni Bern, 73p • **Kendrick KM und Baldwin BA (1987)**: Cortex of Conscious Sheep can respond preferentially to the sight of faces. Science 236, 448–450 • **Klaassen B (1993)**: Auswirkungen von Drachen- und Gleitschirmfliegen auf Wildtiere am Wallberg. Diplomarbeit FHS Forstwirtschaft Weihenstephan, 96p • **Knab C (1988)**: Habitatbewertung für Gams in den bayerischen Alpen. Diplomarbeit, Uni München, 97p • **Knaus W und Schröder W (1983)**: Das Gamswild. Parey-Verlag, Hamburg und Berlin, 3. Aufl., 188p • **Krott P (1971)**: Geburt eines Gemskitzes in freier Wildbahn. Zeitschrift für Jagdwissenschaft 17, 179–180 • **Krüsi BO, Schütz M et al (1995)**: Huftiere, Vegetationsdynamik und botanische Vielfalt im [Schweizerischen] Nationalpark. Cratschla 3(2), 14–25 • **Lachat N (1996)**: Etude du comportement alimentaire du chamois jurassien. Licence, Univ. de Neuchâtel • **Leitner H (1998)**: Antropogene Einflüsse auf das Raum-Zeit-Verhalten des Gamswildes im Kaprunertal. Diplomarbeit, Uni Wien, 92p • **Locati L und Lovari S (1991)**: Clues for Dominance in Female Chamois: Age, Weight, or Horn Size? Aggressive Behaviour 17(1), 11–15 • **Locati M (1990)**: Female chamois defends kids from eagle attacks. Mammalia 54, 155–156 • **Lovari S (1985)**: Behavioural repetoire of Abruzzo chamois Rupicapra pyrenaica ornata Neumann, 1899. Säugetierkundliche Mitteilungen 32(2), 113–136 • **Mc Comb K (1987)**: Roaring by red deer stags advances the date of oestrus in hinds. Nature 330, 648–649 • **Meile P (1985)**: Ökologie der Gemse 1: Habitat, Nahrung, Konkurrenz. Wildtiere 4, 7p • **Meile P (1986)**: Ökologie der Gemse 2: Winterökologie. Wildtiere 1, 9p • **Mosler-Berger C (1993)**: Helikopter contra Bergwild. Heli-Skiing – ein störendes Freizeitvergnügen. Wildtiere 1/83, 7–11 • **Nerl W, Messner L et al (1995)**: Das grosse Gamsbuch. Hubertus Verlag, Klosterneuburg, 293p • **Niethammer G (1967)**: Die Kohlgams der Alpen. Zeitschrift für Jagdwissenschaft 13(1), 1–23 • **Noser T (1998)**: Beeinflussen Kühe auf der Alpweide die Gebietsnutzung von Gemsböcken? Diplomarbeit, Uni Bern, 43p • **Pachlatko T (1980)**: Aktivitätsmuster, Ortswahl, Standortwahl und Gruppenstruktur bei individuell markierten Gemsen in zwei Geiss-Jungtier-Rudeln. Diplomarbeit, Uni Zürich, 47p • **Patterson IJ (1988)**: Responses of Apennine chamois to human disturbance. Zeitschrift für Säugetierkunde 53, 245–252 • **Pflieger R (1982)**: Le chamois, son identification et sa vie. Gerfaut-Club Princesse, Paris, 177p • **Poubelle F, Perrier J et al (1988)**: Etude démographique (...) entre une population [de chamois] située en zone chassée et (...) en zone protégée (massif de la Vanoise). CIC Gamswildsymposium Ljubljana, 395–424 • **Raillard M (1985)**: Nahrungswahl der Gemse auf alpinen Silikatrasen bei Davos mit Vergleich zum Steinbock. Diplomarbeit, ETH Zürich • **Rauer-Gross B, Gossow H et al (1988)**: Beiträge zur Verhaltensökologie der Gemse in touristisch stark belasteten alpinen Gebieten. CIC Gamswildsymposium, Ljubljana, 127–146 • **Rauer-Gross B (1992)**: Sichern und Fluchtverhalten von Gemsen in einem touristisch stark gestörten Gebiet der Ostalpen (Raxalpe). Säugetierkundliche Mitteilungen 34, 51–57 • **Reimoser F und S (1998)**: Richtiges Erkennen von Wildschäden am Wald. Zentralstelle österreichischer Landesjagdverbände • **Schnidrig-Petrig R (1994)**: Modern icarus in wildlife habitate: effect of paragliding on behaviour, habitat use and body condition of chamois. Diss, Uni Bern, 69p • **Schnidrig-Petrig R und Ingold P (1995)**: Auswirkungen des Gleitschirmfliegens auf Verhalten, Raumnutzung und Kondition von Gämsen in den Schweizer Alpen: Übersicht über eine dreijährige Feldstudie. Ornithologischer Beobachter 92(3), 237–240 • **Schröder W (1970)**: Geburt eines Gamskitzes in freier Wildbahn. Zeitschrift für Jagdwissenschaft 16(3), 123–125 • **Schröder W (1973)**: Über die Abgänge des Gamswildes und einige daraus abgeleitete Schlussfolgerungen. KGB 11, 147–153 • **Schröder W (1975)**: Gamswild aggressiv. Jäger 93(12), 44–47 • **Schröder W (1979)**: Gamsbrunft; Spektakel im Schnee. Jäger 97(12), 21–30 • **Schröder W (1983)**: Die Gemse. Jahrbuch des Vereins zum Schutz der Bergwelt 48, 33–70 • **Shank CC (1985)**: Inter- and Intrasexual segregation of chamois by altitude and habitat during summer. Zeitschrift für Säugetierkunde 50, 117–125 • **Simmen J (1996)**: Gemsen in der Moorlandschaft Schwägalp. Der Einfluss verschiedener Nutzungsaktivitäten des Menschen auf (...) Gemsen (...) Diplomarbeit, Uni Zürich, 107p • **Stauffer C (1988)**: Verteilung, Koexistenz und Äsdruck von Rothirsch, Alpensteinbock und Gemse im Val Trupchun, Schweizerischer Nationalpark, Diplomarbeit, Uni Zürich, 60p • **Stemmler O (1985)**: Spüren Gemsen Lawinen im voraus? Beobachter 3, 49 • **Weber D (1982)**: Ohne Jäger nicht wild: Warum Tiere und Erholungsbetrieb einander nicht vertragen. Nationalpark 37, 7–10 •

Weber D und Schnidrig-Petrig R (1997): Hängegleiten – Wildtiere – Wald (Praxishilfe). BUWAL, 57p • **Weber E (2001)**: Le chamois et l'isard. Delachaux et Niestlé, Lausanne/Paris, 192p • **Zehnder U (1999)**: Wildkundliche und jagdliche Veränderungen in den letzten 25 Jahren (1973–1997), dargestellt anhand von Jagdstatistiken. Schweizerische Zeitschrift für Forstwesen 150(9), 335–341 • **Zeitler A (1995)**: Reaktionen von Gemse und Rothirsch auf Hängegleiter und Gleitsegler im Oberallgäu. Ornithologischer Beobachter 92(3), 231–236 • **Zimmermann B (1990)**: Wechselwirkungen zwischen alpinen Rasen und freilebenden Huftieren im Schweizerischen Nationalpark: Produktion, Konsumation, Selektivität. Diplomarbeit, Uni Zürich, 49p.

Sachregister